锦界煤矿数字化矿山
建设实践与探索

主　编　王海军　王存飞　李建华

中国矿业大学出版社
·徐州·

内 容 提 要

本书以锦界煤矿数字化矿山应用实践为主体,系统阐述了数字化矿山的建设背景、发展历程、系统成果以及对未来矿山的探索,重点介绍了锦界煤矿数字化矿山体系构建方式和数字化矿山底层网络的搭建方式,并对锦界煤矿主要生产系统自动化升级的建设方案和应用成果进行了总结。

本书可供煤矿企业管理人员、安全生产工程技术人员参考学习,也可供相关科研院所技术人员参考使用。

图书在版编目(CIP)数据

锦界煤矿数字化矿山建设实践与探索/王海军,王存飞,李建华主编. —徐州:中国矿业大学出版社,2020.12

ISBN 978 - 7 - 5646 - 4879 - 4

Ⅰ. ①锦… Ⅱ. ①王… ②王… ③李… Ⅲ. ①煤矿—矿山建设—数字化 Ⅳ. ①TD2-39

中国版本图书馆 CIP 数据核字(2020)第 245372 号

书　　名	锦界煤矿数字化矿山建设实践与探索	
主　　编	王海军　王存飞　李建华	
责任编辑	黄本斌	
出版发行	中国矿业大学出版社有限责任公司	
	(江苏省徐州市解放南路　邮编221008)	
营销热线	(0516)83884103　83885105	
出版服务	(0516)83995789　83884920	
网　　址	http://www.cumtp.com　**E-mail**:cumtpvip@cumtp.com	
印　　刷	苏州市古得堡数码印刷有限公司	
开　　本	787 mm×1092 mm　1/16　**印张** 12　**字数** 215 千字	
版次印次	2020 年 12 月第 1 版　2020 年 12 月第 1 次印刷	
定　　价	48.00 元	

(图书出现印装质量问题,本社负责调换)

本书编写委员会

主　　编　　王海军　　王存飞　　李建华
副 主 编　　李永勤　　王永军　　王连生
　　　　　　王世栋　　卢学明　　郭建军
委　　员　　窦凤金　　呼鹏举　　秦和平
　　　　　　王永平　　呼小军　　张　晋
　　　　　　李宝珍　　杨晓超　　乔　宏
　　　　　　尚存久　　于在川　　迟双宝

前　言

中国工程院院士于润沧曾讲过这样一句话，"我们的矿业，一方面朝着数字化矿山方向发展，另外一方面朝着构建生态采矿工程方向发展，面貌将会发生翻天覆地的变化"。

数字化矿山从概念到实践已发展 20 余年。时至今日，依托自动化、信息化、集成化、虚拟化等技术，数字化矿山已然是沧海桑田，发展显著。矿山灾害超前预警系统，有效提高了矿山的整体安全水平。高度自动化、智能化的生产设备，有效提高了生产效率，降低了劳动强度。信息的全覆盖采集和高速传输，为矿山精细化管理提供了基础数据，为资源优化、环境保护、效益提升提供了决策依据。

"永言配命，成王之孚。"在锦界煤矿数字化矿山建设初期，神东人就秉持着"安全、高效、绿色、智能"的建设理念，历时七余载，克服千重万难，高质量完成了全国第一个数字矿山的建设任务。井下自动化采掘工作面隆隆作响，支援祖国建设的"乌金"从这里以不同以往的方式走向祖国各地。"绿水青山就是金山银山"，全球首套纯水液压支架，扛起了煤炭人的安全重担，也挑起了绿色开采的环保重任。"路漫漫其修远兮"，踏着"机械化换人、自动化减人"的改革浪潮，全面推进数字化矿山再提升项目，连采机无人驾驶、梭车自主导航等项目进入研发阶段，锦界人揭开了数字化矿山建设的新篇章。

本书以锦界煤矿数字化矿山应用实践为主体，以数字化矿山的建设背景、发展历程、系统成果以及对未来矿山的探索为主线进行论述，系统地介绍了如何搭建数字化矿山底层网络，供配电、供排水、主运输、车辆辅助运输、通风系统的改造要求，以及采掘工作面等主要生产系统自动化升级的建设方法。以提高工效为原则,对建设过程中出现的不合理之处进行分析和改造,提出了一些解决方法和改进措施,取得了较好的效果。本书同时对数字化矿山的应用实效进行了全面对比和总结。最后,本书介绍了一些前沿科技在矿山中的应用场景,包括辅助劳动力、智能巡检、虚拟培训等当下热门话题,力图为读者呈现一个煤炭人对美好生活的向往和对未来矿山的憧憬画卷。

在本书编写过程中,参考了大量文献资料,作者在此对所引文献的作者表示感谢。

因作者能力所限,书中难免有疏漏之处,欢迎广大同行和读者批评指正。

作　者

2020 年 6 月

目　　录

第一章 概 述

第一节 数字化矿山建设背景

党的十九大报告中指出,要推动新型工业化、信息化、城镇化、农业现代化同步发展,善于运用互联网技术和信息化手段开展工作。国务院《关于进一步加强煤矿安全生产工作的意见》指出:大力推进煤矿安全生产标准化和自动化、信息化建设,同时大力推进信息化、物联网技术在煤矿的应用。

一、国家政策要求

通过信息化对传统产业进行改造实现升级换代,促进工业企业的创新和发展。煤炭生产、安全及节能减排等政策的出台,对煤矿生产、安全和科技发展提出了新要求。

二、煤炭行业升级要求

目前是煤炭行业大力发展的历史机遇期,煤炭生产技术逐步升级,从自动化向信息化和智能化生产过渡。

三、保持竞争优势要求

近三年来,我国煤炭去产能超8亿吨,煤矿数量减少至5 300处左右,行业竞争加剧,国家能源投资集团有限责任公司(以下简称"国家能源集团")需要确立新的竞争优势。

四、建设世界一流要求

通过集成世界先进科技,建设安全高效绿色智能矿山,实现国家能源集团的矿山整体运营效益、效率世界一流,引领煤炭行业发展。

第二节　国内外数字化矿山建设经验

1999年,由中国科学院主办、19个部委和机构协办的第一届国际数字地球会议在北京举行,会上首次提出了"数字化矿山"的概念。历经20余年的发展,随着我国煤炭行业的整体复苏,信息化建设在煤炭行业的投资大幅增加,使煤炭行业的信息化得到了快速发展,涉及煤矿安全生产的六大系统也得到迅速推广,尤其是矿井综合自动化系统已广泛应用于全国煤矿,煤矿生产的自动化程度也越来越高,有的已达到国际先进水平。为了使建设神华数字矿山规划能够指导国家能源集团建设世界一流煤矿,国家能源集团先后对国内外和神华内部下属企业的煤矿建设应用现状进行了多次调研,并与国内煤炭行业科研院所和国内外多个系统厂商进行了广泛的交流。

一、国外数字化矿山建设发展现状

从国际上看,近年来全球经济的增长刺激了煤炭需求,新兴经济体对煤炭的需求持续增长。但由于发达国家经济结构进行了调整,特别是为了应对全球气候变化,国际环保组织提出了对二氧化碳等温室气体排放的限制,使得全球煤炭需求增长趋势正逐步放缓。同时全球煤炭开采领域越来越多地应用先进科学技术,行业整体正逐步向商业集中、业务多元、绿色节能的方向发展。

欧美等发达国家对数字矿山的研究和建设早于我国。美国是第一个倡导建设"数字地球"的国家,然后其他国家很多专业人士开始相继引用"数字地球"概念。21世纪初,全球大部分国家根据自身信息化建设的实际制定了本国的数字化矿山建设方针和推进计划,其数字化矿山建设的重点均表现在实现设备远程控制和无人开采两个方面。

加拿大国际镍业公司从20世纪90年代初开始研究自动采矿技术,拟于2050年实现无人采矿,通过卫星操纵矿山的所有设备,实现机械自动化采矿。加拿大托腾井工矿采用ABB公司的800XA监控系统,实现了部分生产设备远程监控、按需通风自动调节、设备数据的远程采集和人员车辆定位等功能,采用集成无线对讲功能的矿灯,利用思科公司的通信设备在井下部署无线通信系统。

芬兰于1992年开始对智能矿山建设进行规划,开展自动采矿技术研究,涉及采矿过程实时控制、资源实时管理、高速通信网络、新机械应用和自动采矿与设备遥控等28个专题。

美国于 1999 年对井工煤矿的自动定位与导航技术进行研究,获得了商业化的研究成果。随着专家系统、神经网络系统、模式识别方法、遗传算法、全球卫星导航技术、并行计算技术、射频识别技术、遥感技术等在矿山设计、开采、生产和灾害预警领域的应用,一些大型露天矿山已实现在办公室生成矿床模型,制订矿山开采计划,并与矿山开采设备相连,形成矿山动态管理与遥控指挥系统。目前,美国已成功开发出一套大范围的采矿调度系统,应用计算机无线数据通信技术、调度优化以及全球卫星定位系统,对露天矿山生产进行实时控制与管理,实现了露天矿山无人自动化开采。

力拓集团在澳大利亚打造出全球首个纯"智能矿山"项目。该矿山由一个遍布着机器人、无人驾驶矿车、无人卡车、无人钻机和无人运货火车的智能设备网络所组成,它们负责西澳大利亚皮尔巴拉铁矿石矿区的日常生产。

德国鲁尔集团的普洛斯普哈尼尔矿,采用鲁尔集团的数字化矿山系统,通过建立地面监控调度中心,对井下各个生产流程进行综合监视和集中控制,实现地面对井下人员的调度和设备操作的整体控制,形成一个整体的数字化矿井解决方案。

巴西卡拉雅斯露天矿是世界上最大的高品位铁矿山。该露天矿集中控制室采用 ABB 公司的控制中心方案,整体控制室的工艺设计按照露天开采、矿物处理、铁路运输等环节统筹设计规划,整体布局合理,充分体现了一体化集中调度管理的特征。

瑞典艾铁克露天矿采用 ABB 公司未来操作室的布置方式,监控系统为 ABB 公司的 800XA 监控系统,在操作室实现了对全矿的综合监控和就地无人值守功能。

二、国内数字化矿山建设发展现状

国内煤矿数字化建设起步较晚,但发展过程与国外产煤发达国家相似,也经历了从单独信息系统建设到分布式监测监控系统整合,再到全矿井数字化的发展历程,矿山数字化建设已取得了一些先进适用的技术成果。

兖矿集团有限公司因其下属煤矿地质灾害频发,所以在智能开采的基础上又成立了冲击地压防治研究中心、地质灾害防治工程研究中心和煤矿智能开采试验中心,重点研发复杂地质灾害的预防与智能治理的方法和设备,创新煤矿智能开采方式,打造新型能源企业。

开滦(集团)有限责任公司荆各庄矿业分公司依托矿井局域网,以信息科、地质测量科、生产技术科等生产业务科室为核心,构建了一个通用的应用支撑平台,提供信息发布、电子数据交换、技术可行性认证、电子决策与预演、空间构模、数据交换、决策模型、知识与数据管理、应用代理和应用网关等基本的通用功能,为煤矿资源评价及优化、煤矿规划及设计、安全生产、调度优化及决策管理提供了新的技术平台。

神新能源公司下属各煤炭企业由于自然条件所限,矿井间的信息化与自动化水平参差不齐。少数矿井的信息化应用水平相对较高,基本上实现了掘进工作面与采煤工作面的工业视频监控、瓦斯实时监测、顶板压力监测、井下人员跟踪定位、胶带控制、通风控制、锅炉控制以及变电所监控等,同时在生产计划、统计、调度、资产管理方面也实现了信息化。但大部分煤矿信息化和自动化水平普遍较低,未能完全实现掘进工作面与采煤工作面的监控,仅实现了部分系统控制,也没有建设用于生产计划、统计、调度、资产管理的信息化系统。

神东煤炭集团公司建成了覆盖所有矿井、洗选厂、装车站的生产综合自动化系统。综采工作面实现了大巷干预的自动化控制;主运输系统、主通风设备、井下供配电系统实现了地面调度室远程监控;井下供排水系统实现了全自动化控制;井下变电所、水泵房实现了无人值守;洗选厂实现了调度室集中控制,就地无人值守;装车站实现了快速、定量、恒速装车。各矿建设了安全监测监控系统、井下人员和车辆定位系统、工业电视系统、无线通信系统、顶板压力监测系统、设备在线和离线点检系统等,公司生产指挥中心可对以上系统进行实时监测。

三、数字化矿山建设需解决的问题

我国数字化矿山建设和技术研究取得了一定的成绩,但是矿山数字化总体水平还很低,在矿山数字化进程中还存在着不少问题,与国际先进水平还有很大差距。

1. 数字化矿山建设缺乏统筹性和整体性规划

一方面,我国煤矿数字化建设发展时间较短,基础相对薄弱,缺少从煤炭整体行业高度来统筹规划和顶层设计,煤炭工业数字化缺乏统一规划和方向引导,整体的信息化程度较低;另一方面,就矿山企业而言,通常是不同阶段针对某项单一的具体项目分开实施,造成了功能重叠、低水平重复建设和资源浪费,使得多层次、多部门、多专业的一体化数字矿山建设推进缓慢。

2. 各厂商间缺乏统一的矿用设备与集成标准规范

大部分矿山设备只考虑单一的设备应用,不同厂家设备的信息采集、编码及处理标准各异,造成多源异构系统中各类设备信息量大、信息规范缺乏。现有井下网络通信方式及协议种类繁多、兼容性差,缺乏统一、可靠的传输协议与标准,各系统的通信标准、接口协议各异,"数据孤岛"问题普遍存在,导致异构系统的集成与互联严重脱节。

3. 缺乏监测监控多维动态的统一化集成平台

传统的数字化矿山建设多以中央调度室或控制室为中心,以大屏幕显示器为主要显示手段,显示信息分散,缺乏各系统信息间的交互。多数情况下调度显示平台和控制平台起点低、内容少、智能性差、扩展空间小、开放性不够,不利于后续新建子系统的接入。此外,监测系统与控制系统相互独立,使得监测系统和控制系统二者信息不能有效地集成共享,不便于监测监控操作的集中化和智能化。

4. 自动化控制关键技术及各系统间协同联动尚待突破

虽然煤矿企业生产中大多机电一体化产品实现了设备的自动化,但没有通信功能,通常处于自动化孤岛状态,没有实现远程集控。由于各厂商受专业知识的限制和技术的制约,大部分软件都只考虑了单一专业的局部应用,很难有效地解决井下的视频监控系统、无线通信系统、电力监控系统、运输控制系统等各系统间的信息共享、统筹分析与协同控制问题,在矿山生产优化控制与节能降耗管理过程中,没有真正达到人本安全、节能降耗、减员提效的目的。

5. 数字化矿山三维可视化软件的研发及现场应用水平较低

矿山井上、下空间复杂交错,各类环境信息主要通过二维的 CAD 平面图纸进行记录和交互,很难全面直观地反映矿山真实的空间环境。目前,国内主要使用的三维可视化软件虽然具备了矿山基础信息数字化,矿体、矿床三维建模与可视化等功能,但与实现矿体储量动态管理、采矿过程模拟、综合监控调度、安全隐患预警、应急救援三维实景支持等需求还有很大差距,难以满足矿山业务集成和多部门间的协同需要。

四、数字矿山发展趋势

随着数字矿山应用技术的不断发展、创新,矿山的生产和组织方式将会变得越来越"安全、高效、绿色、智能",具体可体现在以下几个方面。

(1) 更透彻的感知:通过运用各种感知技术,能够更加全面、准确、实时地感知人、物和环境的信息。在数据采集方面,将会从手工录入向自动采集并实现一次录入、全员共享方向发展;在装备方面,将会更加可靠、更加智能,故障修复将会从人工经验诊断、人工修复向系统自我诊断、系统自愈方向发展。

(2) 更全面的互联互通:运用网络、通信、交互、集成等技术,实现人与人、人与物、物与物间的信息交互以及系统间的横向集成和纵向互通。在通信与网络技术方面,将会从有限的互联互通向泛在的互联互通方向发展,带宽将会越来越宽,网络将会越来越稳定可靠;在系统人机界面方面,将会从二维平面向三维立体方向转变,并且支持多种终端界面,如 PDA、手机等;在信息系统方面,将会从烟囱式、孤岛式信息系统向集成统一平台方向发展,支持开发的协议,支持 SOA 架构。

(3)更深入的智能化:运用数据挖掘、知识发现、专家系统等人工智能技术,实现生产调度指挥、资源预测、安全警示、突发事件处理等决策支持功能,实现矿山的智能化。在控制技术方面,将会从手动干预、有人值守向自动控制、无人值守方向发展,从局部的、有限的控制向全局的、泛在的控制方向发展;在安全管理方面,将会由被动的、事后响应式管理向主动的、事先预警预控方向发展;在决策支持方面,将会从经验决策向智能化决策方向发展。

第二章　锦界煤矿数字化
矿山建设历程

第一节　神东锦界煤矿简介

一、矿井地理位置

锦界煤矿位于陕西省榆林市神木市瑶镇乡和麻家塔乡,地理坐标为东经110°06′00″~110°14′30″,北纬38°46′30″~38°53′15″。东北及西北分别与神北矿区和孟家湾普查区接壤,东与凉水井井田毗邻,西南与榆神矿区规划区隔河相望,东西宽12 km,南北长12.45 km,井田面积约141.778 km²。

井田地处陕西"米"字形公路网内,西与S204省道(二级)和西(安)包(头)铁路相接,北与(北)京包(头)线相接,东与神(木)朔(州)线、大(同)秦(皇岛)线相接,南与西(安)(安)康线、陇海线及西(安)宁(南京)铁路相连,可达我国华北、华东、华中、华南及沿海地区。总之,井田交通便利。

锦界井田至附近主要城市和神东矿区中心的里程如下:

锦界—神木　　30 km

锦界—榆林　　83 km

锦界—包头　　340 km

锦界—西安　　753 km

锦界—神东矿区中心(大柳塔)　102 km

二、矿井地质资源

锦界煤矿含煤地层为延安组,共含煤13层,可采煤层7层。3^{-1}、4^{-2}、5^{-2}煤层为全区可采或基本全区可采的主要可采煤层,4^{-3}、4^{-4}、$5^{-2上}$、5^{-3}煤层为大部分可采或局部可采的次要可采煤层,其余煤层可采点少或不连片,为不可采煤层。

全区资源储量为 2 218.51 Mt,可采储量为 1 774.81 Mt,截至 2018 年年底,矿井剩余资源储量为 1 959.30 Mt,剩余可采储量为 1 297.74 Mt。全区煤质优良,可作为动力用煤、高炉喷吹用煤、炼焦配煤、块煤炼块焦用煤、气化用煤、固体热载干馏用煤等,经试验尤其适合作为液化用煤。

三、矿井开采条件

锦界煤矿井田水文地质条件为复杂、极复杂,矿井开采主要涉及侏罗系直罗组风化岩裂隙潜水、第四系萨拉乌苏组孔隙潜水。矿井近三年正常涌水量为 3 800 m^3/h,最大涌水量为 4 400 m^3/h。

矿井为低瓦斯矿井,2019 年矿井瓦斯鉴定结果如下:瓦斯绝对涌出量为 3.61 m^3/min、相对涌出量为 0.17 m^3/t,二氧化碳绝对涌出量为 7.22 m^3/min、相对涌出量为 0.35 m^3/t。

2013 年 3 月对 3^{-1} 煤层、4^{-2} 煤层自燃倾向性进行鉴定,根据陕西省煤矿安全装备检测中心鉴定结果,3^{-1} 煤层及 4^{-2} 煤层自燃倾向等级属Ⅰ类容易自燃。经煤科集团沈阳研究院有限公司检测,锦界煤矿 3^{-1} 煤最短自然发火期为 89 d,自然发火期范围为 89~222 d;4^{-2} 煤层最短自然发火期为 77 d,自然发火期范围为 77~192 d。

四、矿井生产系统

1. 矿井开拓方式

锦界煤矿是神华国华电力公司锦界煤电一体化建设项目的组成部分,由原中国神华能源股份有限公司委托神东煤炭集团公司进行专业化管理,负责矿井的建设和生产。于 2004 年 4 月开工建设,2006 年 9 月建成投产。矿井采用斜井、立井联合开拓方式,主要大巷布置在煤层中,巷道采用连续采煤机掘进,工作面条带式布置,长壁后退式综合机械化开采,全部垮落法顶板管理,采区采出率为 89.7%,工作面采出率为 98%。

2. 矿井主运系统

锦界煤矿 1# 主斜井、2# 主斜井担负全矿井的原煤提升任务。1# 主斜井、2# 主斜井装备着西北煤矿机械二厂生产的 DTL160/370/3×1600 型阻燃型钢绳芯带式输送机。胶带输送机倾角为 0°~14°,提升高度为 +113 m,长度为 3 800 m,运量为 3 700 t/h,带宽为 1 600 mm,带速为 4.5 m/s。

3. 矿井辅运系统

锦界煤矿现有辅助运输车辆共计 150 台,具体用途、型号及数量见表 2-1。

表 2-1　锦界煤矿辅助运输车辆统计表

用途	型号	数量/台
材料运输车型	WC5E、WC3J、WQC3J(A)等	82
工程车型	WC5E、WC10E(A)、WC8E 等	37
运人车型	WC3J(B)、WrC20/2J(A)、WrC30/2J 等	16
指挥车型	WqC2J(A)、WC9R 等	15

4. 矿井通风系统

开采 3^{-1} 煤层的通风方式为分区式,通风方法是抽出式。

锦界煤矿安装 4 台抽出式轴流通风机,两用两备,1 号主要通风机位于青草界工业厂区,2 号主要通风机位于大曼梁工业厂区,具体参数见表 2-2。

表 2-2　锦界煤矿主要通风机运行参数

序号	型号	风量/(m³/min)	风压/Pa	运行负压/Pa	风叶角度/(°)
1 号主要通风机	FBCDZ-10-№36 2×900 kW	8 700~21 840	1 080~4 680	2 140	−6/−6
2 号主要通风机	FBCDZ-10-№36 2×900 kW	11 400~24 600	1 400~4 630	1 700	−3/−3

5. 矿井供电系统

锦界煤矿电力系统由地面 4 个主变电站组成,电网电力来源为国网榆林供电公司和陕西电网榆林供电分公司,使锦界煤矿的供电系统形成了双电网双回路供电系统。4 个主变电站分别为主井 35 kV 变电站、风井 35 kV 变电站、青草界 110 kV 变电站和由风井 35 kV 变电站引出的 35 kV 箱式变电站。主井 35 kV 变电站主变压器选用 2 台 SZ11-M-16000kVA/35/10kV 型全密封有载调压电力变压器,风井 35 kV 变电站主变压器选用 2 台 SZ-M-20000kVA/35/10kV 型全密封有载调压变压器,35 kV 箱式变电站主变压器选用 2 台 SZ-M-16000kVA/35/10kV 型全密封变压器,青草界 110 kV 变电站内设有 2 台 SFSZ9-50000/110kV 三绕组有载调压电力变压器。变电站均为双回路供电,不存在"T"接现象,架空线路线径及变压器容量经计算满足矿井设计能力,变电站运行方式均采用分列运行。

6. 矿井排水系统

矿井排水系统能力为 10 900 m³/h,设有 6 个主排水泵房(不含正在建设中的盘区 5 号水泵房),分别为中央 1 号水泵房、中央 2 号水泵房、盘区 1 号水泵房、盘区 2 号水泵房、盘区 3 号水泵房和盘区 4 号水泵房。主排水泵房具体参数见表 2-3。

表 2-3   锦界煤矿主排水泵房设置情况统计表

名称	容量/m³	排水方式	水泵型号	数量/台	备注
中央 1 号水泵房	8 800	污水泵	MD450-60×2 离心泵	5	3 趟 DN300 出水管路,外排量为 700 m³/h,排水高度(简称"排高")为 90 m,井下排水距离约为 55 m,终点为 3^{-1} 煤层 1 号污水处理厂
中央 2 号水泵房	18 900	清污泵	MD450-60×6B 离心泵	23	10 台污水泵、13 台清水泵,8 趟 DN400 出水管路,排水能力为 4 500 m³/h,排高为 132 m。清水井下排水距离约为 4 950 m,终点为 3^{-1} 煤层河则沟。清、污水井下排水距离约为 11 650 m,终点为 4^{-2} 煤层和瑞水厂、新建污水处理厂或排洪渠
盘区 1 号水泵房	5 500	清水过滤泵	MD450-60×3 离心泵	8	8 趟 DN300 出水管路,排高为 90 m,排水能力为 1 600 m³/h,井下最远排水距离为 5 050 m,终点为 4^{-2} 煤层主井排洪渠或西沟
盘区 2 号水泵房	4 900	清水泵	MD450-60×3 离心泵	4	5 趟 DN300 出水管路,排水能力为 1 000 m³/h,排高为 110 m,井下排水距离约为 165 m,终点为西沟
			MD450-60×4 离心泵	4	
盘区 3 号水泵房	5 000	清水过滤泵	MD450-60×4 离心泵	8	3 趟 DN400 出水管路,排水能力为 1 200 m³/h,排高为 120 m,井下最远排水距离约为 7 330 m,终点为 4^{-2} 煤层主井排洪沟或 3^{-1} 煤层枣稍沟
盘区 4 号水泵	5 000	清水泵	MD450-60×4 离心泵	8	3 趟 DN400 出水管路,排水能力为 1 900 m³/h,排高为 132 m,井下排水距离约为 200 m,终点为 3^{-1} 煤层河则沟

第二节　锦界煤矿数字化矿山项目背景

数字矿山示范矿井的建设,是满足神华集团(现并入国家能源集团)建设国际一流综合能源企业的需要、安全高效组织生产的需要、统一标准满足煤矿持续发展的需要;也是满足国家高技术研究发展计划(863计划)"数字矿山建设关键技术研究与示范"科研项目验收的需要。

根据神华集团"数字矿山"整体实施推进的战略部署和神华集团承担的国家863计划"数字矿山建设关键技术研究与示范"的安排,为了落实国家能源集团"建设世界一流煤矿"及"以神东为试点,着力建设数字化矿井和数字化矿区,真正走出中国特色新型工业化道路"的指示,将"建设神华数字矿山"示范矿井建设项目确定在锦界煤矿。

锦界煤矿数字化矿山规划研究项目依托神华集团承担的国家高技术研究发展计划(863计划)"数字矿山关键技术及应用研究"课题,紧密结合神华集团建设世界一流煤矿的要求,通过规划和建设,形成了一系列的核心技术和标准,支撑神华集团建设具有国际竞争力的世界一流综合能源企业的战略目标。

第三节　建 设 历 程

2011年5月23日,神华集团召开建设神华数字矿山启动大会(图2-1),数字化矿山建设正式拉开序幕。

图2-1　建设神华数字矿山启动大会现场

2011 年 8 月,神华集团召开"建设神华数字矿山关键技术研究与示范"科技创新项目论证会,项目通过内外部专家的立项审查。

2011 年 10 月,神华数字化矿山项目作为煤炭行业前沿的、核心的课题,获得国家 863 计划立项以及科研经费支持。

2012 年 2 月,"建设神华数字矿山"规划通过专家验收,作为神华集团数字化矿山建设的指导性文件颁布实施;集团召开"建设神华数字矿山"推进大会(图 2-2),对规划内容进行全面宣贯、对下一步工作进行安排部署。

图 2-2 "建设神华数字矿山"推进大会现场

2012 年 6 月,国家 863 计划"数字矿山建设关键技术研究与示范"项目召开启动会(图 2-3),神华集团牵头负责项目的实施。

2012 年 8 月,"建设神华数字矿山"区域中央自动化控制项目暨"建设神华数字矿山"(锦界)示范矿井项目启动会在神东矿区召开(图 2-4),数字化矿山建设正式进入示范矿井建设阶段。

2012 年 12 月,"建设神华数字化矿山生产执行系统业务流程标准化项目"专家评审会顺利召开,项目通过了专家评审,为数字化矿山生产执行平台的研发奠定了坚实的基础。

2013 年 8 月,数字化矿山示范工程由设计研发转入现场实施阶段,项目组成立了锦界示范工程现场项目部。

2013 年 10 月,数字化矿山示范工程专家研讨会在神东矿区召开。

2013 年 12 月 27 日,神华数字化矿山示范工程上线启动大会召开(图 2-5),这标志着历经两年半之久的首个建设神华数字化矿山工程项目正式上线运行。

2014 年 5 月 23 日,参加全国煤炭行业工业化、信息化深度融合型智能矿山

图 2-3 "数字矿山建设关键技术研究与示范"项目启动会现场

图 2-4 "建设神华数字矿山"(锦界)示范矿井项目启动会现场

现场会的各位领导及专家到锦界煤矿参观。中国煤炭工业协会会长王显政对锦界煤矿数字化矿山建设所取得的成绩给予了高度评价。他指出,锦界煤矿"两化"融合智能矿井建设走在了世界前列,要求集团公司进一步总结经验和做法,为煤炭行业和中国工业的发展积累新经验。

2014 年 6 月 5 日,中央电视台记者到锦界煤矿采访数字化矿山建设情况。

2014 年 7 月 3 日,工业和信息化部副部长杨学山到锦界煤矿参观考察,中国煤炭工业协会副会长刘峰、北京大学校长助理程旭、陕西省工业和信息化厅副厅长蔡苏昌等随同,神华集团党组成员、副总经理、股份公司总裁韩建国,神华集团煤炭生产部总经理杨汉宏,神东煤炭集团公司董事长张子飞、副总经理

图 2-5   神华数字化矿山示范工程上线

王海军,神华和利时信息技术有限公司董事长张骐、总经理王继生,国华电力公司副总经理陈寅彪等陪同视察。

2014 年 7 月 23 日,陕西煤矿安全监察局榆林监察分局副局长贺玉亮带领神木县煤炭局有关人员、锦界辖区内 8 处煤矿企业主要负责人到锦界煤矿学习参观。

2014 年 11 月 3 日,国家高技术研究发展计划(863 计划)"数字矿山关键技术及应用研究"课题现场协调会在锦界煤矿召开,中国 21 世纪议程管理中心处长裴志永,北京科技大学教授、博士生导师、研究生院常务副院长吴爱祥,中国煤炭科工集团副总工程师、科技发展部部长申宝宏等有关领导及专家出席会议,神华集团煤炭生产部总经理杨汉宏、神华和利时信息技术有限公司总经理王继生和神东煤炭集团公司副总经理王海军等参加了会议。

2015 年 3 月 12 日,神华数字化矿山建设现场平衡会在锦界煤矿召开,神华集团煤炭生产部总经理杨汉宏、信息管理部总经理丁涛,神华和利时信息技术有限公司总经理王继生和神东煤炭集团公司副总经理王海军等参加了会议。

2015 年 8 月 4 日,埃森哲(中国)有限公司副总裁王承卫带领该公司工程技术人员来锦界煤矿参观。

2015 年 8 月 11 日,永城煤电控股集团有限公司副总工程师刘玉良带领公司有关部门人员到锦界煤矿参观学习。

2015 年 8 月 14 日,参加煤炭装备制造"2025"技术交流会的 130 余人来锦界煤矿参观。

2015 年 11 月 3 日,神华神府精煤公司原经理杜润泉、华能精煤东胜分公司原副总经理田仓到锦界煤矿参观。

　　"神华数字矿山"是吸收成熟的、先进的信息技术,并进行应用创新,在统一的时空框架下,对矿山资源勘探、规划建设、安全生产、经营管理和决策等全过程进行数字化的表述,并对相关属性进行加工、处理、利用,实现信息的集成和共享,实现矿山生产管控一体化,建设"安全、高效、绿色、智能"的现代化矿山。

第三章　数字化矿山建设

第一节　数字化矿山应用架构

数字化矿山的应用架构自下而上分为设备层、生产控制层、生产执行层、经营管理层和决策支持层,如图 3-1 所示。其中,L4 经营管理层和 L5 决策支持层的建设应用系统在神华集团信息化总体规划中进行了详细的规划。锦界数字化矿山重点针对 L2 层和 L3 层内容进行了建设,主要包括综合智能一体化生产控制系统和综合智能一体化生产执行系统,设备层的建设包括自动化子系统升

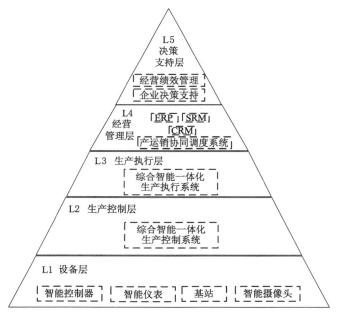

图 3-1　数字化矿山架构示意图

级改造、井上下 IT 基础设施建设等。

①　设备层由现场传感器、执行器、电源、工业摄像头、移动终端等组成；

②　生产控制层主要包括自动化系统、主干网络和综合自动化平台；

③　生产执行层主要包括生产、调度、机电、地测、通风、安全等信息化系统；

④　经营管理层主要包括办公系统和企业管理系统；

⑤　决策支持层主要通过数据挖掘分析，为矿山本质安全、生产降本提效、精益化管理、灾害救援等提供决策支持。

一、设备层

设备层是数字化矿山信息系统的信息源头，是物联网技术和建设数字化矿山的基础。如果没有先进稳定的传感设备，数字化矿山的建设将会成为无源之水，无本之木。设备层节点通过传感器实现矿山人员、环境、设备等信息的实时准确感知。智能传感设备是矿山物联网的神经末梢，是智能矿山的关键节点。

二、生产综合监控系统

生产综合监控平台处在数字化矿山基本架构的控制层，主要完成对现场监控系统与监测系统的数据的集成，并将集成的数据作为一个整体提供给现场运行人员，使现场运行人员对矿山各大系统设备的运行状态有一个直观的了解。生产综合监控系统由实时数据库系统、Web 服务器、人机界面系统以及通信服务器构成，其软件结构示意图如图 3-2 所示。实时数据库系统保存系统配置参数以及各种运行、报警、事件等实时及历史信息；Web 服务器对外提供 Web 服务，相关人员可通过浏览器实现对实时性要求不高的管理操作；工作人员在人机界面系统上监视煤矿各系统的相关信息，并可进行远程控制及参数调整；通信服务器负责与各子监控系统及智能监控设备通信，采集子监控系统及智能监控设备信息，并响应工作台请求，向其发送控制及参数调整命令，同时向上级管控部门提供其关心的信息。

生产综合监控系统具有煤矿内部安全和生产监控两大功能。生产综合监控平台不仅需要整合煤矿内部的子监控系统及各种监控设备来实现煤矿的安全生产，而且需要将区域内多个煤矿的信息传送至上级管控中心，实现区域内煤矿的整体管控。为此，生产综合监控平台必须支持多级可扩展架构。所有设备之间通过网络进行通信，工作台可在多个地方部署，不同部门及不同级别的人员具有不同的访问和控制权限。通信服务器可根据需要接入的子监控系

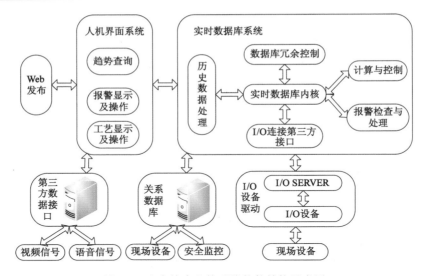

图 3-2　生产综合监控系统软件结构示意图

统、智能监控设备数量及部署位置，就近接入各种子监控系统及智能监控设备。

三、生产执行系统

生产执行系统处在数字化矿山基本架构的第三层即生产执行层，该系统涵盖了煤矿的采、掘、机、运、通、安全等方面，具体分为生产管理、调度管理、机电管理、"一通三防"、环保管理、煤质管理、安全管理和综合分析八大业务系统。生产执行层综合分析系统架构示意图如图 3-3 所示，主要包括数据获取、业务系统、指标体系和分析主题。分析结果会自动形成报告供管理者决策使用，管理者根据报告数据指导生产，从而形成了闭环式管理体系。设计上涵盖了煤矿生产的主要业务，能够将管理者的决策依据、管理思想和煤炭指标综合考虑，紧紧围绕决策的有效性，将煤矿管理提升到一个新的高度。

若想利用数字化矿山生产执行层综合分析系统达到"实用、实际、实效"的决策支持目的，就必须严格按照全面性、科学性、动态性、简明性和可操作性的原则，建立一套"实用、实际、实效"的煤炭企业决策指标体系。数字化矿山生产执行层综合分析系统包含了 20 多个业务主题，各业务主题有独立预警指标体系和预警周期，达到预警级别时自动发出预警信息。若判断预警等级为正常，则不显示预警信息。数字化矿山生产执行层综合分析系统能够对煤矿生产和进度情况进行科学分析，为煤矿相关的管理人员提供决策支持。

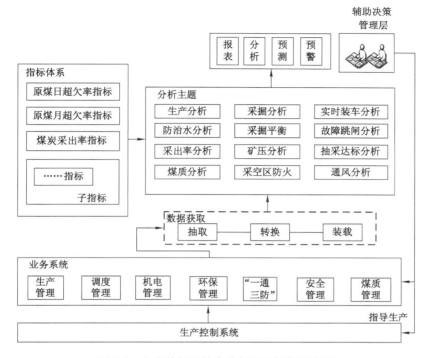

图 3-3　生产执行层综合分析系统架构示意图

四、经营管理系统

经营管理系统建设主要包括计划与全面预算管理、ERP 系统（涵盖财务管理、人力资源管理、销售管理、物资管理、生产计划管理、设备管理和项目管理等业务）、供应商关系管理系统（SRM）等 18 个项目，具体内容见表 3-1。

表 3-1　经营管理层功能分析表

名称	序号	名称	类别	功能分析
经营管理系统	1	计划管理	年度计划	公司年度综合计划和预算管理的信息平台
			预算管理	包括预算的编制、执行、调整、评估，以及各业务成本发生和归集的信息
			财务管理	包括合同管理、资金计划以及结算管理
			物资管理	包括基础数据标准化管理、供应商管理、计划管理、采购管理、仓储与配送管理

表 3-1（续）

名称	序号	名称	类别	功能分析
经营管理系统	2	ERP（企业资源计划）	销售管理	包括销售基础数据管理、销售执行管理和结算管理
			人力资源管理	建立统一的人员基础信息库，实现薪资和财务的集成，主要包括组织管理、人事管理、薪酬管理、考勤管理和报表管理
			设备管理	设备管理模式与计算机技术相结合，可以减轻人工处理数据负担，提高设备管理效率，包括设备台账管理、工单管理、预防性维护管理、工作清场管理
			项目管理	实现项目整个生命周期上的投资、计划、物流和进度管理，为建立公司的决策分析系统提供强有力的信息支持
	3	SRM	供应商关系管理	旨在与供应商建立和维持长久的伙伴关系，包括货源战略管理、采购管理、物资及服务目录管理
	4	CRM	客户关系管理	旨在简化和协调各类业务功能（如销售、市场营销、服务和支持）的过程，并将其注意力集中于满足客户的需要上
	5	战略资源管理		实现资源管理涉及的矿业权、探矿权、资源勘查、资源拓展等方面的管理信息化；对已经运行的资源储量管理信息子系统升级改造，建立统一的煤炭资源管理平台和空间数据库平台
	6	造价管理		收集各生产要素价格信息并建立信息库，提供价格信息的查询、统计及对比分析功能
	7	制度管理		提供对企业各种制度、体系的高效管理手段，实现对制度的全生命周期管理
	8	本质安全管理		以预控为核心，采取持续、全面、全过程、全员参与、闭环式的安全管理活动，实现"人、机、环、管"的协调统一，切断事故发生的因果链，最终杜绝事故发生，实现煤矿安全生产的目标
	9	OA	办公自动化	为公司所有员工提供一个内部通信和信息发布的共享平台，实现群体协同工作、信息的交流、工作的协调与合作
	10	审计管理		提供对企业经营和生产数据进行监测和内部审计的功能，为企业内部审计和检查提供一个抽取内部审计相关信息、协助审计工作和管理内控体系的平台
	11	科技管理		对企业科技项目和生产技术工艺进行有效的管理，以促进科技创新，增强企业的核心竞争能力
	12	节能减排管理		利用信息化手段实现节能减排和环境保护工作的高效管理
	13	档案管理		运用现代信息技术进行数字档案信息的采集、加工、存储和管理，并提供档案信息的服务和共享

表 3-1(续)

名称	序号	名称	类别	功能分析
经营管理系统	14	知识管理		以知识捕获、文档管理为基础,以搜索引擎、协同处理、专家交流系统为工具,以门户为平台,减少企业的员工培训成本,快速提升员工的专业服务水平和技能
	15	综合统计		基于公司各类生产和经营数据,提供统一的查询分析界面,实现对各类数据的查询、统计和分析,生成各类综合报表,为公司生产经营和外部数据报送提供数据服务支持
	16	行政后勤管理		为公司提供行政后勤服务业务的信息化管理平台,实现行政后勤服务的信息化、专业化和规范化
	17	党群管理		提供了对企业内部党群组织及相关工作进行管理的功能,为企业生产经营提供组织保障
	18	煤炭生产监管系统	煤炭生产证件的有效性	统计煤炭生产的"五证一照",检测其时效性及与生产计划的匹配性,跟踪矿井煤炭生产许可证的办理进度等
			煤炭生产的合法性	检查煤炭生产情况,包括日产量、进尺数等指标
			煤矿生产能力变更记录	记录跟踪煤矿生产能力变更情况

五、决策支持系统

决策支持系统主要包括经营绩效管理系统和企业决策支持系统。其结构示意图如图 3-4 所示。

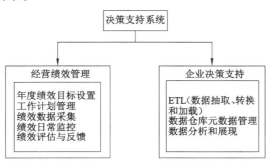

图 3-4 决策支持系统结构示意图

企业绩效管理不同于传统人力资源领域的绩效管理,不只是侧重对员工的个人绩效进行考核、评价、激励与提升,而是将企业看作一个整体,涵盖影响企业绩效的多个方面和价值链的全过程。

数据仓库是面向主题的、集成的、稳定的且随时间不断变化的数据集合,用以支持经营管理中的决策制定。企业决策支持系统是基于数据仓库/商业智能技术对信息进行收集、整合、分析和展现,为公司高层及管理人员提供及时、准确的分析报表和数据,提升企业整体生产经营决策水平,增强企业的竞争力。

第二节　数字化矿山建设关键技术

一、智能传感技术

传感技术是数字化矿山信息系统的基础,它的作用是完成对被测量对象的信息提取、信息传输及信息处理,是当代科学技术发展的一个重要标志。智能传感技术将向着全面数字化、多维化、集成化、仿生化的方向发展,是智能矿山发展的关键技术。智能传感器组成机构及软件结构如图3-5和图3-6所示。

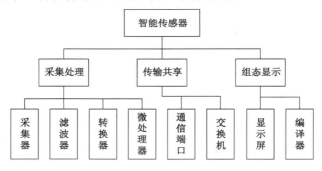

图 3-5　智能传感器组成机构

智能传感器比传统传感器在功能上有极大提高,几乎包括仪器仪表的全部功能,主要表现在:

(1)逻辑判断、统计处理功能;

(2)自检、自诊断和自校准功能;

(3)软件组态功能;

(4)双向通信和标准化数字输出功能;

(5)人机对话功能;

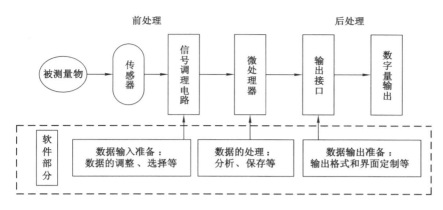

图 3-6　智能传感器软件结构

（6）信息存储与记忆功能。

煤矿常用传感技术主要有设备状态监测类和矿山灾害监测类。矿井底层设备监测传感网包含主要系统的底层设备（图 3-7），并以分布式、可移动、自组网的方式实施连续监测，以便在动态开采过程中准确感知灾害前兆信息。图 3-7 中部署的节点可分为 3 种类型，即感知节点、路由节点和协作节点。感知节点具有数据采集和传输的双重功能；路由节点只用于转发其他节点的数据；协作节点可以是路由节点，也可以是感知节点，它采用协同的方式为其他节点提供数据转发服务。感知层网络是一种层次性分布式网络，传感节点就近接入路由节点发送数据。

随着微机械电子、人工智能、计算机技术的快速发展，智能传感器的"智能"

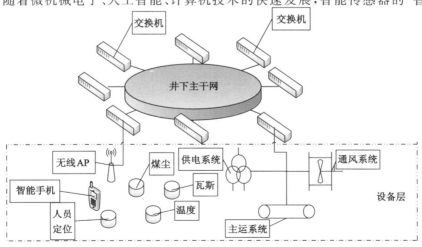

图 3-7　矿井底层设备监测传感网示意图

含义不断深化,许多智能传感新模式陆续出现。目前,在生产行业中,主流的研究热点是数据库式智能传感器和阵列式智能传感器。

1. 数据库式智能传感器

数据库式智能传感器应用了嵌入式系统技术、智能库和传感器技术,具备网络传输功能,其原理结构如图 3-8 所示,并且集成了多样化外围功能的新型传感器系统。经典智能传感器一般是使用单片机再加上控制规则进行工作的,较少涉及智能理论(如人工智能技术、神经网络技术和模糊技术等)。因此,基于嵌入式系统来应用智能理论的数据库式智能传感器,具有更高的智能化程度。

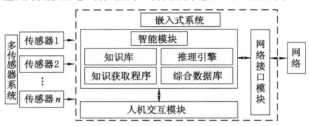

图 3-8　数据库式智能传感器原理结构

智能模块(数据库)通常由集成在嵌入式系统中的知识库、推理引擎、知识获取程序和综合数据库四部分组成。

2. 阵列式智能传感器

阵列式智能传感器是将多个传感器排布成若干行列的阵列结构,并行提取检测对象相关特征信息并进行处理的新型传感器,如图 3-9 所示。阵列中的每个传感器都能测量来自不同位置的输入信号,并能以空间信息的形式提供给使用者。

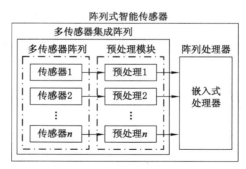

图 3-9　阵列式智能传感器原理结构

总体结构由三个层次组成:

第一层次为传感器组的阵列实现集成,称为多传感器阵列。

第二层次是将多传感器阵列和预处理模块阵列集成在一起,称为多传感器集成阵列。

第三层次是将多传感器阵列、预处理模块阵列和处理器全部集成在一起,称为阵列式智能传感器。

阵列式智能传感器的功能是由其中各个传感器的类型和特性决定的。

二、数据传输技术

煤矿不同的生产环节决定了矿井监测、控制子系统异构的特征。数字化矿山依托覆盖矿山井上、下的高速网络,应用大量不同类型的传感器组成不同用途的传感网络系统,将矿山环境、设备及人员实时连接起来,对矿山体征(矿山灾害环境、设备健康状况、人员安全态势)进行实时监测、感知、交流与控制。传感器得到的数据是模拟信号,模拟信号无法在网络中传输,必须把模拟信号转换为数字信号后经井下和井上主干网传输到数据仓储平台。同理,控制层发出的信号是数字信号,同样也需要把数字信号转换成模拟信号才能完成控制层对设备层的控制。以上的信号转换过程如图 3-10 所示。实现数字化矿山必须解决三个核心问题,即如何预警预报各种灾害事故,如何实现矿山井下环境的主动式安全保障和如何实时监控设备工况,实现预知维修。以上三个问题的解决都以数据的精准传输为基础。

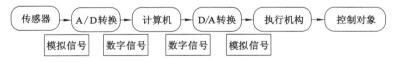

图 3-10　模拟信号与数字信号转换示意图

实现数字化矿山需要三个平台,即数据传输、数据仓库和数据处理与展示。数据的获取、转换、执行、控制过程如图 3-10 所示。传感器节点首先从内部、外部数据源获取数据,通过数据传输平台传送至数据仓库并对数据存储;然后将数据传送至处理器中,处理器将处理完的数据存储至数据库或上传至决策者,完成整个数据处理过程。

矿山企业在开发矿产资源过程中,伴随有大量的数据产生,通过对这些定量信息的处理、分析,可以对矿山企业的生产经营状况进行分析,从而做出有利于生产发展的决策,其过程如图 3-11 所示。

随着数据库系统在信息资源上的长期使用,积累的历史数据日益庞大,通过使用历史数据,我们可以研究过去的状况,发现和挖掘潜在的有用信息,为决策者快速准确地做出评估、制订计划、确定发展规划提供依据。

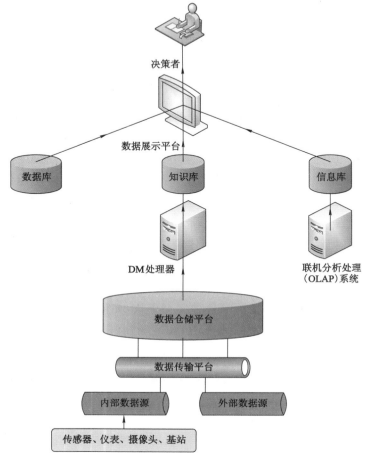

图 3-11　数据处理过程示意图

1. 数据仓库构建原则

空间数据仓库是一个系统工程,如何对数据进行组织简化、压缩存储、检索提取、维护管理,都是空间数据仓库技术的关键。空间维和时间维是矿山空间数据仓库反映矿山动态变化的基础,要构筑一个合理有效的矿山数据仓库,应当遵循一定的原则和策略。

(1)加强数据空间基础建设。开发与完善矿山地理信息系统,促进数字化矿山发展,尤其要加强矿山基础数据设施建设,这是建立矿山数据仓库的基础,也是实现矿山企业信息化及可持续发展的需要。

（2）要求主题与决策统一。建立矿山数据仓库的最终目的是向矿山企业的管理与决策者提供有用的数据或信息，为矿山生产的决策服务。因此，主题必须面向中高层次的用户，也就是要以决策为中心。

（3）重视数据挖掘和知识发现。数据挖掘可以从矿山数据仓库中找到所需的数据，发现隐藏在大量矿山数据中的、潜在的知识模式，这些知识可以直接用于指导矿山生产。矿山数据仓库不再意味着简单的数据存储和管理，而是一种解决方案，要有数据挖掘技术的支持。

2. 数据仓库的构建模型

考虑到矿山数据的海量、大时空性等特点，国内学者提出一种传统的数据仓库建模方法。

（1）矿山数据的采集与传输。矿山数据的采集与传输所面对的对象是矿山的内外部数据，在层次上是较底层的数据空间，通常是由终端用户以联机事务处理操作的方式完成。矿山数据仓库的体系结构如图 3-12 所示。

（2）主题的构筑。矿山数据仓库主题需根据矿山决策者的决策要求及矿山生产活动的实际，同时兼顾已有的知识，采用提取、转换、综合、表达等方法，形成面向矿山决策的矿山数据视图。再通过构建多维数据模型，运用多维分析技术对数据进行分析比较，从不同角度对数据进行深入分析和加工，实现分析方法和数据结构的分离。按照主题的要求，选择、过滤、聚合成矿山数据仓库。

（3）基于矿山数据库的数据挖掘。矿山数据挖掘以矿山数据仓库中的基本数据为对象，自动发现数据中的潜在模式，并形成相应的预测知识。根据确定的主题和决策任务，设计出相关的挖掘模型，选用适当的数据挖掘算法，从矿山空间数据仓库中分析、提取、挖掘出隐藏的矿山规律与潜在信息，从而运用于矿床地质条件评估、地质构造预测、精细地学参量半定量分析、深部成矿定位预测、矿产资源储量管理、经济可采性评估、开拓设计、支护设计、风险评估及开采过程动态模拟等，以辅助矿山决策，预测和指导矿山的安全生产和管理活动。

（4）知识的可视化与评估。知识的可视化与评估的主要任务之一就是把所发现的知识以一种易于直观理解的数据表达出来，以便更好地利用与共享。例如，我们可以把矿山数据挖掘所得到的反映矿山不同类别、不同地质环境下的巷道压力变化与维护难易程度规律的可视化影像叠加到开拓规划、支护设计中，形象、逼真地呈现给矿山决策者，便于高层管理者决策指挥。

三、云计算技术

云计算是一种基于互联网共享的计算方式，IBM 公司认为云计算是将网络

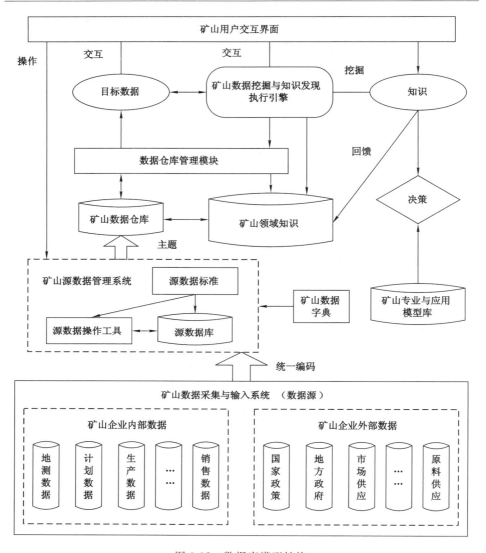

图 3-12　数据库模型结构

资源、数据、软件应用作为服务,以互联网为媒介提供给用户。同时,云计算也是一种对基础架构进行管理的方案,将大量廉价的计算机资源形成网络资源,构成一个虚拟化的资源池,按照用户的分配方案进行划分,供给用户使用。由此可知,云计算分为云计算服务和云计算平台两个方面。

云计算平台可以视为一个超级计算机,由大量普通的计算机通过网络连接而成,这些计算机分布于不同物理空间,但在逻辑上像一台超级计算机那样工作。在存储和计算需求量变化时,用户无须关注实现细节,云计算平台可以快速调动各种软硬件资源协同工作,自动增加或减少计算资源,以满足用户需求。

多年来,由于信息管理条件的落后等原因而未建立起完善的安全管理体系,使得瓦斯、火灾、粉尘等事故仍有发生,因此有必要利用云计算技术,建立安全、可靠的监测预警系统平台和信息共享机制。在煤炭行业,云计算的应用还缺少系统规划,各煤矿应用云计算技术仍停留在局部性研究阶段,没有建立基于云计算的平台,未集成煤矿各个安全监控及生产自动化系统数据,未进行大数据挖掘和安全管理模式研究。结合云计算技术和矿山具体的安全管理需求,以智能传感技术、数据传输技术和矿山物联网技术为基础,建立矿山云计算平台,利用云计算实现对矿井各类实时监测数据的安全预警。

矿山是一个复杂系统,其地理空间要素、资源环境信息和生产经营信息内容广泛、复杂多变,在矿山系统中独立存在的多源、异质、异构数据,形成了信息孤岛,同一个煤矿不同部门之间亦存在此现象,而云计算数据管理技术能够解决矿山信息孤岛问题。云计算可以为数字化矿山计算提供高性能的并行处理能力。

四、物联网技术

中国物联网专家委员会主任委员邬贺铨院士认为:"物联网是指通过信息传感设备,按照约定的协议,把需要联网的物品与网络连接起来,进行信息交换和通信,以实现智能化识别、定位、跟踪监控和管理的一种网络,它是在网络基础上的延伸与扩展"。

煤炭是我国主要能源,据专家预测,到2050年煤炭仍会占中国能源消费的50%以上,其地位在今后长期内不会发生根本改变。由于我国煤炭储存条件复杂,煤矿自动化水平低,井下用人多,生产安全监控系统采用的技术比较落后,功能单一,再加上管理水平不高等因素,使得生产成本高、安全形势严峻。

物联网的问世,打破了传统思维,即以往一直是将物理基础设施和信息基础设施分开。对煤矿安全生产而言,在物联网时代,瓦斯传感器、CO传感器、电缆、电气机械设备、钢筋混凝土等,所有这些将与芯片、宽带整合为统一的基础设施。物联网可以实现煤矿复杂环境下的协同管理和控制,为建立煤矿安全生产与预警救援新体系提供了新的思路和方法。

矿山物联网是通过各种感知、信息传输与处理技术,实现对真实矿山地理、矿山地质、矿山建设、矿山生产、安全管理、产品加工与运销、矿山生态等综合信息全面数字化,将感知技术、传输技术、信息处理、智能计算、现代控制技术、现代信息管理等与现代采矿及矿物加工技术紧密相结合,构成矿山中人与人、人与物、物与物相联的网络,动态详尽地描述并控制矿山安全生产与运营的全过程。

现阶段,矿山物联网技术还不够成熟,一些关键技术有待进一步解决:

(1)生产厂商和系统建设时期不同,安全生产监测监控各系统间未统一通信协议和接入技术,数据结构差异大,呈现多源性和异构性,缺少行业标准。

(2)矿山生产活动是一种随时间动态变化的复杂系统,反映实际状态的各种数据得不到有效集成,就只能形成彼此隔离的"信息孤岛",面向同一地质实体同时探测到的多源信息而得不到有效综合利用,更谈不上为煤矿安全提供决策依据。

(3)煤炭开采的力学环境、岩体组织结构、基本力学行为特征和工程响应随着开采深度增加变得复杂,冲击矿压、顶板大面积来压和采空区失稳等动力灾害事故明显增加,在重大灾害的预测方面,缺少实时、在线、连续的监测预警装备。

为保障矿山的安全生产,矿山物联网需在实现综合自动化的基础上,实现以下三个感知:

(1)感知矿工周围安全环境,实现主动式安全保障;

(2)感知矿山设备工作健康状况,实现预知维修;

(3)感知矿山灾害风险,实现各种灾害事故的预警预报。

矿山物联网建设应以三个感知为重要突破点,以智能传感技术和数据传输技术为基础,实现异源异构的煤矿信息融合、识别与协同技术,在煤矿安全生产、预警、灾后重构再生技术等关键技术方面开展研究,形成完备的基于自有技术的矿山物联网体系。

第三节　锦界煤矿关键技术应用

数字化矿山从根本上改变了矿山管理理念,通过优化业务流程,使矿山由职能型向流程型、业务处置型向分析决策型、粗放管理向精细化管理到智能化管理模式转变。

一、生产综合监控平台建设

将煤矿分散的自动化系统、安全监测监控系统、人员定位系统、调度通信系统等整合到统一平台,并实现各系统间数据共享和服务。通过数据分析挖掘实现系统间联动,为煤矿安全高效生产提供保障。同时相应减少了作业现场人员数量,降低了作业现场人员的劳动强度。

安全管理实现了由事后响应向事前防控的提升;各监测系统实现了由单一工作向协同运作的提升;生产系统实现了由自动化向智能化的提升,最终实现少人或无人的目标;调度监控由菜单式提取提升为区域立体展示,由故障(事故)被动跟踪向主动报警提示提升;监测监控功能向辅助分析管理提升;综合管理数据人工输入向全部系统自动生成提升。

二、生产执行系统建设

将煤矿现有各自独立的生产管理、调度管理、技术管理、安全管理、煤质管理等分散系统整合到统一平台,确保数据来源一致,实现各系统之间数据共享和服务,确保煤矿生产管理部门之间的协同运作,消除信息孤岛。

对煤炭生产过程实时监视、诊断和控制,完成监测、控制单元整合和系统优化。在生产执行层进行资源平衡,安排生产计划,实现科学调度、优化排产。

生产执行系统的建设,架起了过程自动化系统与管理信息系统之间的桥梁,起到沟通企业管理平台(ERP)和现场控制系统垂直集成的作用,实现管控一体化,同时使煤质管理、机电管理、"一通三防"管理等有机地发挥作用。

三、经营管理层与决策支持层系统建设

纵向打通了矿井、分公司到集团三级管理,为 ERP 系统及时、准确地提供数据和信息,为集团基于真实数据的经营决策提供保障。对煤炭生产过程的物流、信息流、资金流进行监测、分析、控制和优化,实现了从经验决策向智能化决策支持系统的提升。

锦界煤矿数字化矿山建设取得了一定成果,但一些关键技术还未达到预期目标,将来需从以下方面继续努力:一是加强数字化集成管理与共享模式建设,通过采集各环节数据和信息流,实现数据信息间共享,从而更加科学、客观地指导实际生产,使矿山管理信息化和高效化;二是通过构建虚拟矿山体现真实矿山运行过程,并从模拟中更清晰地观察矿山发生灾害过程,从而提出有效预防措施;三是继续对数据信息进行智能化分析研究,使数据更为精确和科学;四是在协同管控方面,当出现矿山灾害时,能自动采取应急措施。

第四章 数字化矿山应用实践

第一节 综合一体化平台

一、综合智能一体化生产执行系统

综合智能一体化生产执行系统,是针对煤矿生产业务流程管理开发的,用于煤矿生产全过程管理的信息管理系统。通过自主研发,实现了煤矿生产、调度、机电、"一通三防"、安全、设计、计划、煤质、环保与综合分析业务的数据整合,如图 4-1 所示。梳理煤矿业务领域 376 个流程,形成了可复制和推广应用的煤矿标准化业务流程和指标分析体系,可完成系统审批流程、生产记录上传存储,生产接续、设备配套与搬家倒面计划书自动编制等,使零散信息变成高

图 4-1 生产执行层综合分析系统

效、有序、共享的"信息高速公路",保障了煤矿业务的上下贯通与横向协同。

综合分析系统将200多项业务主题建立预警模型库,并设置指标预警等级。系统定期根据指标设置参数及实际数据自动检测是否正常,若异常将发出预警信息。预警信息、主题将辅助领导及相关业务人员指导生产,实现闭环管理。

1. 分析模型

综合分析系统平台设计有生产分析、采掘分析、防治水分析、采出率分析、故障跳闸分析、采掘平衡、离层仪分析、矿压分析、煤质分析、督办分析、通风分析、局部通风机分析、仪器仪表、防瓦斯分析、煤与瓦斯突出分析、防火分析、防尘分析、钻孔温度分析和生产指标,创建了20多个业务主题与模型,各个主题及模型中有独立预警指标体系和指标预警周期,达到预警级别时自动发出预警信息。若判断预警等级为正常,则不显示预警信息,否则将该主题及相应的指标预警信息自动插入预警信息库中。

2. 指标体系

综合分析系统为达到科学提供决策支持的目的,须建立一套"实用、实际、实效"的煤炭企业决策指标体系,其指标体系建立过程中要严格遵循全面性、科学性、简明性、动态性、可操作性五个原则。

全面性原则反映煤矿企业决策指标体系的全面性,筛选了生产、管理、效益、安全等指标。

科学性原则要求决策指标选择科学,定义明确,目的清晰,来源符合国家政策,如国家标准、行业标准、企业标准、规章制度等,并且指标模型要有科学计算方法。

简明性原则即从众多煤炭生产管理指标中选择简明的指标,避免指标与指标的重叠、相关、矛盾等现象发生,给分析决策带来错误。

动态性原则即煤炭开采过程中,由于煤层赋存条件、地质条件、瓦斯条件变化,指标标准要根据实际情况动态变化,同一个煤矿不同时期有不同的管理重点。

可操作性原则应选择基础数据容易获取和定量的指标,否则指标不具备操作性。

3. 分析主题的具体应用

通过系统对产量、进尺、工效、能耗、设备能效等关键生产运营指标(表4-1～表4-3)和海量监测监控信息自动统计及图形展示,自动进行趋势分析,为决策提供数据支撑,实现由传统的粗放管理向精益管理转变。

表 4-1　生产分析指标列表

序号	指标名称	单位	周期	序号	指标名称	单位	周期
1	原煤日超欠率	%	每天	11	进尺日超欠率	%	每天
2	原煤月超欠率	%	每天	12	进尺月超欠率	%	每天
3	原煤年超欠率	%	每天	13	进尺年超欠率	%	每天
4	原煤月剩余日均	%	每天	14	进尺月剩余日均	%	每天
5	原煤年剩余日均	%	每天	15	进尺年剩余日均	%	每天
6	商品煤日超欠率	%	每天	16	装车日超欠率	%	每天
7	商品煤月超欠率	%	每天	17	装车月超欠率	%	每天
8	商品煤年超欠率	%	每天	18	装车年超欠率	%	每天
9	商品煤月剩余日均	%	每天	19	装车月剩余日均	%	每天
10	商品煤年剩余日均	%	每天	20	装车年剩余日均	%	每天

表 4-2　防治水指标列表

序号	指标名称	单位	周期	序号	指标名称	单位	周期
1	总排水水量变化率	%	每天	3	预警基础时长	天	每天
2	水泵房水量变化率	%	每天	4	预警计算周期	天	每天

表 4-3　采出率指标列表

序号	指标名称	单位	周期
1	盘区厚煤层采出率规定	%	月
2	盘区中厚煤层采出率规定	%	月
3	盘区薄煤层采出率规定	%	月
4	采煤工作面厚煤层采出率规定	%	月
5	采煤工作面中厚煤层采出率规定	%	月
6	采煤工作面薄煤层采出率规定	%	月

　　生产分析可直接反映煤矿生产情况是否正常,主要对原煤、商品煤、装车、进尺等关键生产指标进行自动统计和可视化分析,包括实际量、计划量、日超欠率、月超欠率、年超欠率、月剩余日均、年剩余日均、各矿实际值、各队实际值、各矿计划值、各队计划值等分析和报表。煤矿产量总体决策分析图如图 4-2 所示。

　　防治水分析,即通过监测矿井总涌水量或某区域涌水量的变化,可以有效预防水害事故发生。系统实现了对全矿井或某水泵房排水量的自动监测预警,并对全矿井或某水泵房排水量的日趋势、月趋势、吨煤出水量、同比、环比、本

图 4-2　煤矿产量总体决策分析图

月、本季、本年、地面水文钻孔进行自动分析。水泵房排水总量、平均值、预警值决策分析图如图 4-3 所示。

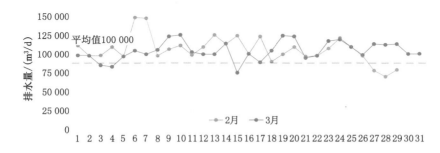

图 4-3　水泵房排水总量、平均值、预警值决策分析图

　　采出率分析包括矿井采出率、采区采出率、工作面采出率，旨在合理开发和保护煤炭资源，提高煤炭资源采出率。系统根据国家标准研发了采出率分析模型，根据盘区、综采工作面煤层厚度等因素自动匹配符合本煤层标准的采出率，不符合要求的采出率以红色显示。例如，3^{-1} 煤三盘区采出率决策分析图如图 4-4 所示。

图 4-4　3^{-1} 煤三盘区采出率决策分析图

　　煤质分析是对水分、发热量、硫分、灰分等煤质指标进行统计分析，包括计划值、实际值、加权平均值、预警信息、均方差、趋势等分析。例如，煤发热量实际值、计划值、平均值、均方差决策分析图如图 4-5 所示。

　　矿压分析是对工作面支架的循环末阻力、工作面周期来压、来压步距、正常

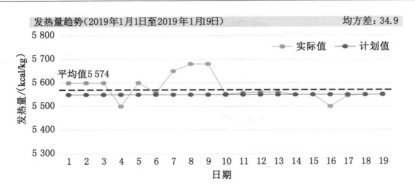

图 4-5 煤发热量实际值、计划值、平均值、均方差决策分析图

(1 kcal≈4.186 kJ,下同)

压力期间工作面推进长度、来压强度、压力平均值、压力最大值、压力趋势图进行分析,确定来压步距及预测本工作面、未来相邻工作面来压情况。矿压分析模型定期抽取液压支架实时数据、进尺数据,取前 20 个数值的平均值,根据数值大小分成不同区段,并示以不同颜色,通过颜色反映来压步距和压力变化规律,如图 4-6 所示。

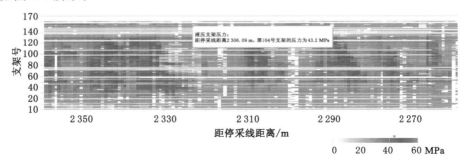

图 4-6 31109 采煤工作面支架压力决策分析图

采空区防火分析是根据煤层自然发火理论,对照 O_2、CO、CH_4、C_2H_2、C_2H_4、C_2H_6、CO_2、H_2 等特征气体限定值,通过采空区气样数据分析,实现采空区发火阶段预报、煤炭自燃异常点预警和一氧化碳超限分析等功能,如图 4-7 所示。

采掘平衡是保持采掘作业生产均衡稳定。其原则是采掘并举,掘进先行。对矿井储量、三量可采期、万吨掘进率、采掘比等指标进行统计分析,确保煤矿采掘平衡、均衡生产。

实时装车分析是通过煤炭企业装车外运情况直接反映商品煤销售情况,系

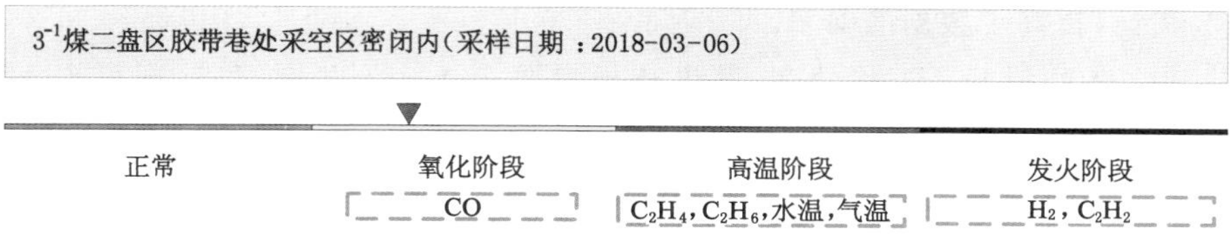

3⁻¹煤二盘区胶带巷处采空区密闭内（采样日期：2018-03-06）

正常	氧化阶段	高温阶段	发火阶段
	CO	C_2H_4,C_2H_6,水温,气温	H_2,C_2H_2

图 4-7　3⁻¹煤二盘区胶带巷处采空区为氧化阶段

统对装车、列车信息进行分析,包括计划列数、装车列数、到站列数、作业列数、完成列数、超时列数、车次信息、开始装车时间、结束装车时间、装车耗时、吨位等。

跳闸分析是集成控制系统对变电所、高压柜的跳闸时间、跳闸原因进行分析,包括时间、空间、原因及趋势等。跳闸分析覆盖煤矿井下所有变电所和高压柜。系统自动采集跳闸记录,并对记录从时间序列、空间序列、原因序列上进行分析。系统设计了按月时间序列分析跳闸模型,反映跳闸与季节的关系,并将本年度分析结果与往年对比,以此来指导本年度工作。系统对煤矿井下所有变电所、高压柜对比分析,找出主要发生地点,确定空间管控重点。系统对各种跳闸原因进行分析,找出主要原因,确定技术管控重点。

局部通风机分析则是利用设备启停数据和测风数据建立算法模型,对百米漏风率、风筒长度、风机切换、无计划停风等进行统计分析。

抽采达标分析根据抽采难易程度,对施工地点管路安装计划与实际工程量进行对比分析,统计回采瓦斯抽采率、矿井瓦斯抽采率、瓦斯抽采量以及瓦斯利用量。

通风分析是统计分析矿井通风信息、测风站风量异常预警、测风站风速异常预警、主要通风机切换次数、风压预警、外部漏风率、有效风量率、等积孔、当月通风设施施工完成情况信息,实现各矿井横向对比分析。通过建立测风数据模型,可计算风量、有效风量率、外部漏风率、等积孔,判断风速异常点,实现负压预警。

4. 系统应用效果

数字化矿山生产执行系统于 2015 年 1 月 1 日正式上线运行,效果良好。

（1）系统上线后,用户覆盖范围广,即涵盖公司、各矿及各选煤厂。在管理上实现了横向协同、纵向贯通。

（2）丰富了基础数据,从之前 8 000 多项数据点增加到 14 000 多项数据点;全部实现自动统计,极大地减少了手工数据录入量,减轻了人工工作量,避免了人为失误,提高了数据准确率。

（3）大幅提升了工作效率,原生产报表要 2 人 4 h 共同完成,现只需 1 人 30 min 即可完成,效率提升了 16 倍。

（4）通过管理人员专家分析系统,建立一套指标体系,设定不同管理层级指标参数,为领导、业务科室和相关管理人员提供决策数据支持,实现管理精益化和生产效率最大化。

二、综合智能一体化生产控制系统

生产控制系统是将井下各个业务子系统整合在一个平台上,具有基础功能、数据集成、远程控制、数据分析、智能联动、智能报警和诊断与辅助决策等七大功能,涵盖采掘、机运、"一通三防"、洗选、装车等 21 个子系统,其中监控子系统 13 个、监测子系统 8 个。系统数据采集点 7.2 万个,远程监控设备 3 471 台,重要场所高清工业监控设备 138 台,环境监测传感器 520 个,实现了对煤炭生产"人、机、环、管"的全面监测监控,为煤矿安全生产提供了强大的信息化、自动化保障。

1. 系统七大功能

（1）基础功能

数据采集分析、GIS 集成、大屏交互、趋势曲线生成等。

（2）数据集成

对综采、连采、主运输、辅助运输、选煤厂、装车站、供电、排水、供水、通风、压风、热力交换、安全监测、人员定位、工业电视、消防洒水、矿灯房、水文监测、矿井广播、火灾监测、污水处理、地理信息等子系统集成,实现移动终端流程图展示、移动终端生产信息推送、移动终端视频显示等功能,如图 4-8 所示。

（3）远程控制

实现对主运输、供电、排水、供水、压风、通风、矿井广播、人员定位等子系统的远程控制。

（4）数据分析

实现采煤机与支架回放、采煤机行走轨迹、工作面推进量分析、安全监测数据分析、水文监测数据分析、束管监测分析等功能。

（5）智能联动

实现瓦斯报警联动、水仓水位超限联动、设备故障联动、人员超员超时联动、局部通风机断电联动、胶带保护动作联动等功能。

（6）智能报警

实现分级报警指示、分区域报警指示、分专业报警指示和多系统组合报警

远程控制
- 主运输　供电
- 排水　供水
- 通风　压风
- 矿井广播　人员定位
- 远程监控设备3 471台

数据分析
- 采煤机与支架回放
- 采煤机行走轨迹
- 工作面推进量分析
- 安全监测数据分析
- 水文监测数据分析
- 束管监测分析

智能联动
- 瓦斯报警联动
- 水仓水位超限联动
- 设备故障联动
- 人员超员超时联动
- 局部通风机断电联动
- 胶带保护动作联动

智能报警
- 分级报警指示
- 分区域报警指示
- 分专业报警指示
- 多系统组合报警

诊断与辅助决策
- 周期来压评估
- 停机与维修协调
- 结合实时地理地质数据实现辅助决策

数据集成
- 综采　连采
- 供水　通风　矿灯房
- 消防洒水
- 主运输　辅助运输　选煤厂　供电
- 压风　热力交换　安全监测　排水
- 水文监测　矿井广播　火灾监测　工业电视
- 装车站　人员定位　污水处理
- 数据采集点7.2万个

基础功能
- GIS集成
- 大屏交互
- 趋势曲线生成
- 权限管理
- 用户管理
- 日志管理
- 打印管理
- 数据采集分析

图4-8　生产控制系统功能图

等功能。

（7）诊断与辅助决策

实现周期来压评估、停机与维修协调、结合实时地理地质数据实现辅助决策等功能。

2. 监控子系统应用情况

（1）综采工作面监控系统

通过对综采工作面组合开关、移动变压器、馈电装置、综合保护装置等设备的改造，实现所有设备的远程控制功能，如图 4-9 所示。建立采煤机、液压支架、刮板输送机、转载机、破碎机、泵站、平巷胶带输送机等设备集控系统，实现综采设备监控信息集成、参数自动采集的功能。通过记忆和远程控制实现采煤机自动割煤，液压支架能够随采煤机的运行实现自动拉架、护帮板收伸和刮板输送机推移，以及采煤机轨迹自动记忆、液压支架压力实时分析等。

图 4-9　综采工作面监控系统图

（2）掘进工作面监控系统

通过改造掘进工作面胶带输送机、移动变压器、馈电装置，实现工作面胶带输送机及供电系统的远程控制以及局部通风机变频控制。在破碎机及梭车上加装了红外线测距传感器，实现了工作面破碎机同梭车的联动智能启停。掘进工作面设备控制系统图如图 4-10 所示。

（3）主运输监控系统

安装防爆激光皮带秤，实现胶带输送机运行速度及给煤机启停的自动控制，减少了电能消耗，降低了设备磨损和故障率，达到了节能降耗的目的；改造上仓插板电液阀，实现煤仓插板的远程控制；在胶带输送机滚筒中加装传感器，

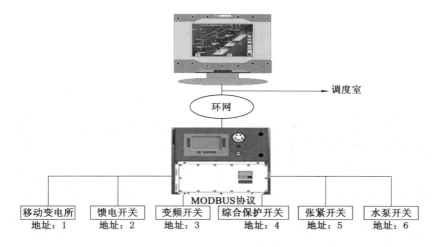

图 4-10　掘进工作面设备控制系统图

实现胶带输送机驱动滚筒温度及振动在线检测,实现故障位置、原因、类型等故障信息的就地和远程显示,具备故障历史查询功能和报表输出功能。所有胶带输送机已全部实现了远程集中控制。

（4）辅助运输监控系统

该系统具有监控防爆辅助运输车及井下交通信号的功能。通过对防爆辅助运输车电源控制器的改造和加装本安型机车通信终端,实现了防爆辅助运输车的数据采集与传输、车载电话对讲、路况及司机的视频监控功能,并利用车载通信终端,将车辆的数据信息上传至地面集控中心。通过对井下 16 处防爆红绿灯的改造,实现了井下交通信号系统的集中管控功能,当井下搬家倒面或搬运大型设备时可在集控中心远程调控交通信号,避免井下交通拥堵。依托井下人员定位系统,可实现辅助运输车辆闯红灯自动记录功能,方便井下辅助运输的管理。

（5）供配电监控系统

该系统包含变电所远程监控和巷道内移动变电所的远程控制功能,以及通信综合分站供电状态和 UPS 状态的监测功能,如图 4-11 所示。将原有工控网络接入 3G 综合分站系统,实现供电系统和设备的在线监测、远程操控、实时报警、数据分析和用电量管理。对故障信息预警、定位、上传,实现了煤矿供电系统和生产设备的全面自动化监控管理。在对高压开关柜进行远程分合闸作业时,可调出实时高清视频监控,直观查看高压开关柜现场操作的情况。通过对移动变电所高低压保护器的改造,实现了将其运行状态参数全部上传,以及地面集控中心远程送电,提高了时效性,节省了人力,还可以根据负荷变化及时调整整定值,实现配电点移动变电所的"四遥"(遥测、遥信、遥控、遥调)功能,确保安全高效供电。将井下所有 UPS 电源参数及运行状态上传至集控中心,实时监测后备电源的运行状态,确保井下 3G 综合分站及自动化控制系统的可靠运行。

图 4-11　供配电监控系统图

（6）供水监控系统

将井下供水加压泵房内的电气设备自动化通信系统接至 3G 综合分站中,实现数据上传功能。通过压力传感器读取供水系统压力数据,实现自动智能开停水泵、变频加压及远程监控功能。

（7）排水监控系统

通过安装液位计、压力计、流量计、电控阀等设备,采集排水系统实时数据,实现中央及盘区水泵房远程控制及数据自动采集、排水流量自动监测等功能。实现了 2 个井下中央水泵房、4 个盘区水泵房、2 个潜排电泵、1 处防水闸门、16 个中转水仓、418 个分散小水泵自动化排水。集控中心可根据各水泵运行信息统筹规划开停,或根据水位自动开停各中转水仓水泵,同时也可调取中转水仓内视频监控,实时观察中转水仓内水位及设备运行情况,实现均衡排水,提升排水效率,达到节能降耗的目的。排水系统流程图如图 4-12 所示。

（8）通风监控系统

该系统包括主通风机监控及井下自动风门监控两个部分。主通风机增加了温度及振动传感器,对主通风机蝶阀温度及电机振动在线监测。将主通风机远程控制系统接入生产控制系统,实现了主通风机的"三遥"(遥测、遥信、

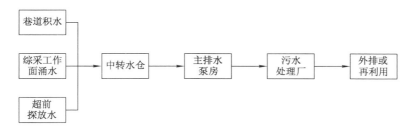

图 4-12　排水系统流程图

遥控)，风量和负压等参数的实时监测，风机运行与风门开启、关闭的逻辑闭锁功能。主通风机可远程一键启停、一键切换、一键反风，缩短了主通风机的切换时间。通过对井下 21 道自动风门升级改造，实现自动风门状态实时监测和远程控制。

（9）压风监控系统

对压风机温度、压力等参数实时采集与传输，实现空压机在断水、断油、超温、超压、过滤堵塞等不良状态下的自动保护，也实现了压风机的远程启停及自动加压和卸压功能。

（10）洗选监控系统

实现了受煤系统的智能化、原煤仓信息和筛分破碎车间的实时监控、主厂房生产系统的全自动洗选控制、产品煤存储系统的无人值守。

（11）装车监控系统

实现了胶带输送机、给煤机、缓冲仓、定量仓、溜槽、机车车厢、喷洒装置的集中控制，设备温度、振动、速度、煤量等信号的实时监测，以及系统闭锁保护、自动喷雾、车皮位置精确定位、煤流定量称重、在线煤质采样、自动压实、车皮数量识别和扫描、装车信息自动上传、封尘剂和防冻液的自动喷洒功能。

（12）锅炉监控系统

对原有热力交换站控制系统升级改造，将实时运行数据接入生产控制系统，实现热力交换站在线监测。监测数据主要包括循环泵、补水泵、换热器的温度和压力等，同时实现补水压力和补水泵循环水压力的联锁控制。

（13）消防洒水监控系统

对消防泵房控制系统升级改造，并接入生产控制系统，实现了消防泵房在线监测。能够在线监测消防泵、生活泵的运行状态与故障状态，以及在线监测水池液位、管路流量等，实现水泵和水池液位的联锁保护。

（14）安全监测系统

单独敷设该系统光缆,独立组网,将原系统数据嵌入集成到生产控制系统中,实现对模拟量、开关量与累计量的采集、传输、存储、处理、显示、打印、声光报警与控制等功能。该系统主要监测甲烷浓度、一氧化碳浓度、二氧化碳浓度、氧气浓度、风速、负压、湿度、烟雾、温度、馈电状态、局部通风机开停、主通风机开停等信息,实现了甲烷超限声光报警、断电和甲烷风电闭锁控制等功能。

(15)工业电视监视系统

将井下原有模拟摄像机更换为高清 IP 网络摄像机,并通过井下环网接入集控中心大屏,将井下变电所、水泵房、工作面、十字路口、地面场区等重点工作场所的实时图像传送到集控中心,能够直观、快捷地了解关键生产环节,同时实现了工业电视监视系统的控制、存储和回放功能。

(16)井下 IP 广播系统

能够实现自动播放、实时播放,终端和调度通话、终端和其他终端通话,紧急广播、监听、录音以及巡检等功能。

(17)人员定位系统

采用精确人员定位系统,实现信号无盲区覆盖,对人员及车辆的定位精度可达米级以内。系统具有双向寻呼功能,可以按区域呼叫一个目标或多个目标。紧急情况下,井下人员可通过标识卡向系统发出呼救信息。系统还具有人员及车辆位置监测和报警、出入井统计查询、轨迹回放、超时报警等功能。

(18)灯房自动监测系统

对接原系统数据库接口,将所有数据接入以太环网生产控制系统,实现矿灯从上架、充电、充满、使用全程自动统计及信息报告;对充电矿灯总数、使用矿灯总数进行实时显示,实现矿灯房超市化、数字化管理。

(19)污水处理监测系统

将原系统数据接入生产控制系统,可监测整个污水处理系统的设备运行状况,实现了提升泵的自动切换以及与调节池液位联锁功能,上位机的数据处理与动态显示功能,工艺参数的在线监测与自动调节功能,煤泥浓度自动排泥功能,清水池进水阀门与自动加氯泵的联锁功能。

(20)火灾监测系统

监测记录井下各关键点的氧气、一氧化碳、甲烷气体浓度,自动分析井下各点的气体浓度变化规律,预防火灾的发生。

(21)水文监测系统

实现了井下水文参数监测,水文数据的自动采集和在线分析,水文地质数据共享、查询、报表生成和水灾的预警功能。

3. 系统应用效果

综合智能一体化生产控制系统对矿山的资源勘探、规划建设、安全生产、管理决策等全过程进行数字化表达,通过信息"全"覆盖、"全"共享、"全"分析,实现了管理"全"透明、生产"全"记录、人机"全"监控,矿井生产体系朝着生产集约化、技术现代化、队伍专业化、管理精益化、决策智能化、装备自动化、作业标准化的方向迈进了一大步,降低了生产成本,提高了矿井综合安全生产管理水平。

第二节　井下万兆环网

锦界煤矿在建矿初期建设成了井下 ControlNet 现场总线控制网络,主要实现井下供排水系统、供电系统以及主运输系统的数据传输功能。经过 10 余年的运行,部分设备已出现老化损坏,致使系统区域故障频繁。原系统网络布置集中,未覆盖矿井边缘区域。为了完善锦界煤矿网络系统,本着"高起点、高标准、新思路、新技术"原则,建设成了矿井工业万兆环网系统。该系统主要由工业以太环网交换机和服务器组成,为矿井生产综合自动化平台、数字工业视频、矿井信息引导、矿井语音 IP 广播及自动化控制等提供数据传输服务。

一、万兆环网组网拓扑结构

1. 地面万兆以太环网

地面机房核心 1 号交换机和机房核心 2 号交换机采用 ATN950B,地面环网与井下环网共用此设备进行组网,并通过此交换机与锦界矿区 IP 网络互联,实现地面业务系统设备、井下业务系统设备与矿区 IP 网络业务系统之间的信息交互和互操作。

地面环网交换机采用电信标准以太网交换机 S5700,部署在井口灯房、1 号主井驱动机房、2 号主井驱动机房、选煤厂、装车站、4^{-2} 煤污水处理厂和矿区 35 kV 变电站内,通过以太网光纤接口连接到机房核心 1 号交换机和机房核心 2 号交换机,形成以太网,其结构如图 4-13 所示(上部方框中)。一号风井场地和二号风井场地的地面分支交换机就近接入井下万兆环网交换机 4^{-2} 煤延伸机头变电所和中央二号变电所,机房核心 1 号交换机与井下万兆环网交换机 3^{-1} 煤一部机头变电所对接。

2. 井下万兆以太环网

井下环网交换机采用 ATN950B 增强型以太网交换机,采用以太网 G.8032

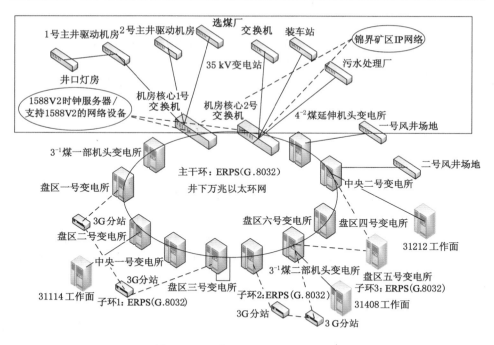

图 4-13　万兆环网组网拓扑结构图

技术进行保护,同时使用独立的硬件 NP(网络处理器)进行故障检测,任意环网交换机的单点发生故障都能在 10～50 ms 之内快速切换而不影响业务的进行,交换机部署在 3⁻¹煤一剖机头变电所、盘区一号变电所、盘区二号变电所、一盘区集运三段机头变电所、中央一号变电所、盘区五号变电所、中央二号变电所、3⁻¹煤二部机头变电所、4⁻²煤延伸机头变电所,通过万兆以太网光纤接口互联,连接到机房核心 1 号交换机和机房核心 2 号交换机,形成万兆以太环网,见图 4-13 下半部分。

　　井下分支交换机采用 ATN910 增强型以太网交换机,可与主干环网交换机 ATN950B 配合组网。随着生产业务系统部署的扩展,需要对分支组网进行保护时,可以通过分支交换机组成子环,与主干环形成相交环保护,保障网络的高可靠性。交换机部署在各采掘工作面、胶带输送机机头以及辅运、胶运大巷内,主要传输各盘区自动化子系统设备数据,通过盘区变电所、中央变电所主干环网交换机将井下所有采集数据传输到地面机房核心交换机,从而实现地面上位机对井下所有数据的采集。

二、VLAN 和 QoS 管理

　　井下基础网络承载无线通信系统、人员和车辆定位系统、语音广播系统、工业电视系统、工业自动化系统、安全监控系统等业务。不同的业务划分为不同的 VLAN（虚拟局域网）（表 4-4），有效隔离各个业务间的二层互访，并通过 VLAN ID 提供最简单便捷的业务识别区分，为各种业务制定不同的 QoS（服务质量）优先级。VLAN 标签描述在 ATN950B、ATN910 和本安接口模块上［本安接口模块提供下行的本安 RS485 和 FE（快速以太网）电接口］，之后在环网中根据 VLAN 标签进行转发。

表 4-4　锦界煤矿业务 VLAN 规划

业务	VLAN ID	QoS 等级	说明
网络控制	VLAN1001	6	网络控制平面业务
人员和车辆定位系统	VLAN1002	5	人员和车辆定位信息，数据流量不大，但可靠性要求高
工业自动化系统	VLAN1003	5	工业自动化控制信息，数据流量不大，但可靠性要求高
安全监控系统	VLAN1004	5	监测煤矿井下环境设备的数据，可从 RS485 等接口转换成 IP 传输，数据流量不大，但可靠性要求高
无线通信系统	VLAN1005	4	CDMA 无线通信业务，独立划分一个 VLAN，用于承载话音和信令业务
语音广播系统	VLAN1006	4	语音独立划分一个 VLAN，用于承载话音和信令业务，数据流量大
工业电视系统	VLAN1007	2	煤矿井下视频监控系统，数据流量大
普通数据服务	VLAN1008	0	Internet 接入等网络浏览数据，优先级低

在环网交换机、分支交换机和 3G 分站内部，采用 QoS 特性，对不同用户和不同业务的流量，提供不同的带宽管理。在井下通信网络部署中，环网保持相对稳定，而分站数量多，且随采掘工作面的推进而搬迁，为减少环网上的 Tunnel 数量，环网层和分站层分别建立 Tunnel，其基础网络 QoS 部署如图 4-14所示。

三、工业环网 U2000 网管系统

矿井地面机房部署 U2000 网管系统，主要对工业环网交换机、分支交换机的网络配置统一管理和维护，以及对本安接口模块提供 WEB 管理，实现对工业万兆环网通信设备的全方位、可视化管理。

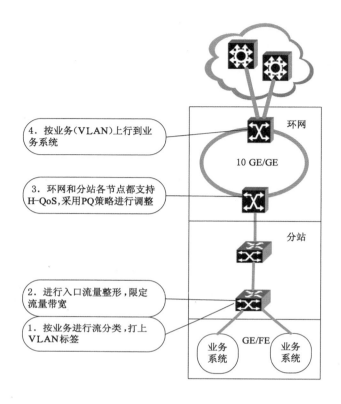

图 4-14　基础网络 QoS 部署

1. 网络部署

在井下工业环网组网应用中，U2000 网管系统通过即插即用管理可完成大量子系统通信设备的远程调测和基础配置，避免部署过程中工程师进站调测，从而极大地提高了部署效率，降低了管理成本。

即插即用管理提供了丰富的预定义模板，只需填写少量参数就可以生成设备基础配置脚本，可以通过即插即用功能快速打通新增设备的管理通道，远程添加设备并给其分配管理 IP 地址，并将配置脚本自动下发到设备，完成各子系统设备部署。

在设备部署过程中，当部署少量设备或者仅对个别设备修改基础配置时，可采用网元管理器来完成部署任务。以每个设备为操作对象，分别针对设备、单板或端口进行分层配置、管理和维护。即插即用管理还可以根据不同组网场景，下发基础配置到设备，实现设备的批量部署，如图 4-15 所示。集控中心人员可以通过即插即用管理进行网络规划，并将规划表导入即插即用管理，即可实

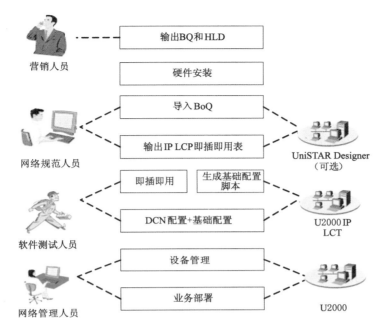

图 4-15　即插即用管理典型应用场景

现井下各通信设备的即插即用。

2. 网络维护管理

（1）U2000 网管系统提供了图形化的配置、维护界面,维护人员可以通过直观的可视化界面完成对网络维护管理。

（2）设备管理

通过设备管理可以了解到设备的系统信息、网元面板信息和历史信息,可以对设备的 IP 地址进行管理,还可以随时查看设备、单板、端口的状态并对其进行一些维护操作,包括查看、复位、切换、刷新等功能。

（3）以太网业务管理

以太网业务管理主要对以太网接口进行管理,包括配置以太网接口的常规信息、物理特性、以太特性及 IP 地址,其中以太特性主要包括 VLAN 管理和 MAC 地址转发管理。

（4）以太网 OAM 管理

OAM 是一种运行维护管理机制,可以简化网络操作,随时检验网络性能,降低网络运行成本。以太网 OAM 基于以太网业务流进行维护,主要是针对以太网链路的连通性而提供的自动检测、故障定位和性能检测。

（5）1588V2 时钟管理

时钟管理实现 1588V2 配置，为 CDMA Pico 基站提供时钟源。

（6）告警和性能管理

告警管理即时接收设备上报的告警，并进行界面展示。支持当前告警管理、历史告警管理、告警转储、告警通知等功能，通过这些告警信息，帮助集控中心网络管理人员及时找到故障原因，快速排除故障。性能管理对业务性能实现监控，通过采集数据的阈值、指标模板、对比历史性能数据的方式进行管理，通过对性能的全面监控，及时发现异常并排除隐患。

四、矿井万兆工业环网建设意义

工业万兆环网系统为锦界煤矿的数字化矿山建设提供了安全可靠的数字通信通道，将矿井环境监控子系统、各生产环节自动控制子系统通过高速工业以太环网和自动化平台软件整合，实现全矿井控制系统的集中、高速传输、管控一体化。依托工业万兆环网建成了井下连采集控系统、矿井水文地质监控系统、矿区有害气体监测系统等，提高了煤矿信息化水平。同时配合工业电视系统进行安全图像监视，确保工作人员及设备的安全，这对于实现煤矿企业的科学化、现代化管理，保障煤矿安全高效生产，提高煤炭行业的科技发展水平，具有重要的意义。

第三节　纯水介质系统

一、项目简介

传统液压支架以乳化液作为工作介质，全国 8 000 多个矿井，2 万多个工作面，每年消耗乳化油 400 万吨，由于存在跑、冒、滴、漏，造成严重的大面积水体污染、土壤油质化。解决乳化液污染问题，保护矿区生态环境已刻不容缓。

为响应国家号召，公司提出"绿色开采"的可持续发展理念，并同三一重装国际控股有限公司成立联合项目组，共同研发纯水液压支架。

项目组以纯水替代传统乳化液为核心目标，以走访调研、研发、试验、改进再试验的研发思路，先后走访全国 120 多个矿井及环保部门，访谈 350 人，组织 19 次专题会、1 次国内水基流体行业联合调研会（图 4-16），对乳化液排放、立柱千斤顶、泵、阀及水土污染详细调研，对核心元件进行 11 类 25 项近 3 万次寿命试验，总结了宝贵经验，形成了大量的基础资料。

2018 年 4 月 17 日，在北京召开专家技术评审会，确定该项目示范工程在锦

图 4-16　专家组现场调研图

界煤矿实施。

2018 年 12 月 8 日,锦界煤矿综采工作面世界首套纯水液压支架,经过近 4 个月的工业性试验,过煤量 195 万吨,宣布试用成功并正式投入使用,如图 4-17 所示。

图 4-17　首套纯水支架成功运营发布会

二、项目意义

以纯水介质替代传统乳化油,成功解决了井下开采污染难题,填补了国内外综采工作面液压支架使用纯水介质的空白,成为集团公司贯彻落实十九大提出的"绿色发展、清洁生产"理念的重大实践。

以纯水替代传统乳化油作为综采液压系统工作介质,不仅能够实现绿色采煤,还可降低液压系统工作介质的成本,经初步测算,使用纯水较乳化油的吨煤成本节约 0.6 元左右。

纯水替代传统乳化油,顺应国情国策,符合科学发展和可持续发展的理念,是行业的一次重大进步,具有里程碑式的技术革命,且有着划时代的非凡意义。

三、综采工作面纯水介质液压系统技术特点

针对这一创新,对制水工艺、设备以及支架液压系统进行技术研发。纯水介质液压系统由纯水制备装置、纯水高压泵站、纯水支架、纯水三机(即刮板输送机、转载机、破碎机,下同)系统等组成。

1. 纯水制备装置

(1) 纯水制备装置的组成

由超滤系统、一级反渗透系统、二级反渗透系统、EDI(电去离子系统)、控制系统组成,如图 4-18 所示。

图 4-18　纯水制备装置的组成

(2) 纯水制备流程

矿井水进入预过滤及超滤系统,利用纤维滤芯过滤掉水中的颗粒杂质,再进入一级、二级反渗透系统,通过反渗透膜去除水中的有机物、矿物质、细菌微生物等物质,最后进入 EDI(电去离子系统),将水中残留的微量盐分彻底去除,生产出电阻率≥15 MΩ·cm 的纯水,产水量 2×10 m^3/h,纯水各项指标要求见表 4-5。纯水制备流程如图 4-19 所示。

表 4-5　纯水制备各项指标

序号	项目	指标要求
1	进水指标	电导率:≤850 μS/cm 硬度(CaCO₃):≤250 mg/L 氯离子含量:≤200 mg/L 浊度:≤5 mg/L 色度:清澈
2	超滤系统	超滤膜流量:≥18 m³/h 产水水质:精度<0.1 μm

表 4-5(续)

序号	项目	指标要求
3	反渗透系统	脱盐率:97％以上 出水量:15 m³/h 出水率:可达 85％ 电导率:<5 μS/cm
4	产水水质	产水水量:≥20 m³/h 电阻率:≥15 MΩ·cm

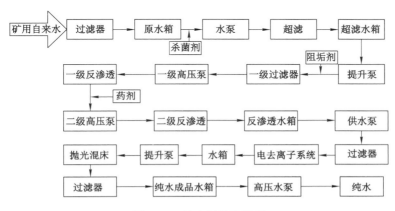

图 4-19　纯水制备流程图

（3）纯水制备设备的布置

纯水制备设备安装在两组设备列车上,一组 12 节长 37 m,另一组 11 节长 30 m,总长 67 m。纯水制备设备的布置如图 4-20 所示。

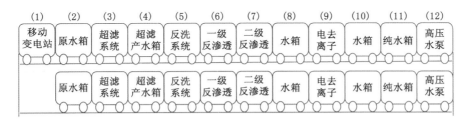

图 4-20　纯水制备设备的布置

（4）纯水制备装置的控制

纯水制备装置的数据接入生产控制系统,制水设备可实现自动运行,连续制水,且可远程监控和故障诊断等。

2. 纯水高压泵站

纯水高压泵站(额定流量 630 L/min、额定工作压力 37.5 MPa、电机功率 500 kW、供电电源 1 140 V)采用三泵两箱,两用一备,其系统组成及工艺流程 如图 4-21 和图 4-22 所示。泵站工作介质为纯水,泵头采用 $14Cr_{17}Ni_2$(屈服强 度≥880 MPa)材料,并使用陶瓷柱塞。其中,吸排液阀芯、卸载阀芯、安全阀 阀芯、先导阀阀芯及其阀座均采用马氏体不锈钢,有效保证了纯水高压泵站的 使用性能。

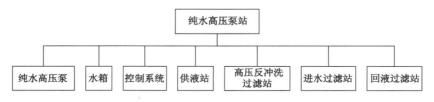

图 4-21　纯水高压泵站系统组成

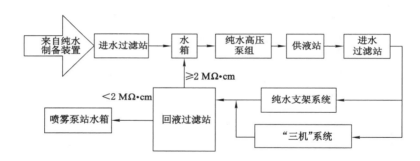

图 4-22　纯水循环利用系统的工艺流程

纯水高压泵通过测试,符合《煤矿用乳化液泵站 乳化液泵》(MT/T 188.2—2000)中的使用要求。

泵头、卸载阀、安全阀、吸排液阀芯和弹簧所用材料应进行盐雾测试,盐雾 测试符合《人造气氛腐蚀试验 盐雾试验》(GB/T 10125—2012)要求,测试时间 大于 1 200 h。

纯水高压泵具有故障诊断、自动进水、自动卸载、水箱高低水位检测、超温 检测、管路失压检测、增压泵进出口压力检测、润滑油压力检测和油温油位检测 等保护功能,可显示压力、流量、水位、温度等数据。同时能将数据通过井下万 兆环网上传到地面控制中心,也可传输给第三方使用,以满足工作面纯水液压 系统供液需求。

3．纯水支架

（1）立柱及千斤顶处理工艺

立柱及千斤顶选用优质钢材，材料屈服强度大于 1 000 MPa，有效地提高了油缸的使用性能。油缸采用激光熔覆、熔铜、QPQ（淬火—抛光—淬火）等防腐工艺，提升了油缸的防腐性能及修复能力。立柱采用激光熔覆、熔铜、QPQ 及化学镀镍防腐工艺处理，如图 4-23 所示。

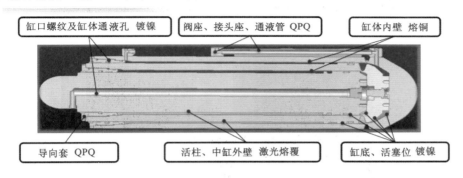

图 4-23　立柱及千斤顶处理工艺

推移和平衡千斤顶改造工艺采用激光熔覆、熔铜、QPQ 等防腐工艺处理，其他千斤顶改造工艺采用 QPQ 防腐工艺处理，如图 4-24 和图 4-25 所示。

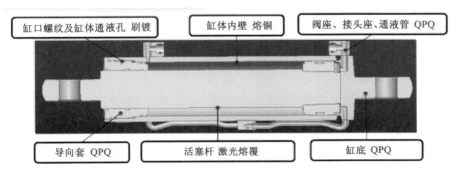

图 4-24　推移和平衡千斤顶改造工艺

（2）纯水支架阀组性能特点

纯水支架阀组采用高强度、耐腐蚀不锈钢材料制作，抗拉强度不低于 850 MPa，中性盐雾试验 1 200 h 不产生锈斑。传统不锈钢为 3Cr13 型不锈钢，盐雾试验不超过 200 h，国产化性能提升后，使用成本低于进口同等阀类成本，防腐性能提升 6 倍，降低了煤炭开采成本。进口阀阀体与纯水阀阀体材料试验对比如图 4-26所示。

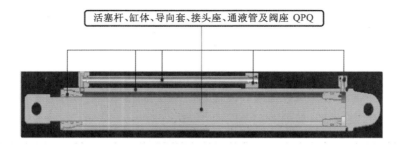

图 4-25　其他千斤顶改造工艺

图 4-26　进口阀阀体（左）与纯水阀阀体（右）材料试验对比

（3）支架用胶管

采用 4 层以上钢丝胶管，设计压力达到 44.2 MPa，爆破压力达到 140 MPa 以上，提高了胶管的使用寿命和安全性。胶管接头使用 20CrMo 镀锌镍合金，提高了胶管接头的防腐能力。

（4）支架用管路接头

过渡接头及架间弯管均采用优质不锈钢材料，中性盐雾试验 1 200 h 不出现锈斑，提高了管路接头重复使用次数，不会出现管路锈蚀的现象，降低了井下维修的工作强度和使用成本。

四、纯水系统应用

1. 整体运行情况

31408 工作面于 2018 年 8 月 28 日投产，截至 2019 年 6 月，纯水制备装置、纯水泵站、纯水支架运行正常，水质各项指标符合要求，纯水利用率在 30％～

45％之间，两套制水设备均衡运行，每套日均运行 7～8 h。

2. 纯水介质系统的优越性

传统液压支架系统选用水包油型乳化液为工作介质，具有良好的安全性、经济性、防锈润滑性和稳定性。由于系统存在跑、冒、滴、漏情况，一个工作面一年进入地下水源的乳化油量多达 135 m³，造成地下水大面积、长时间污染。根据《中华人民共和国固体废物污染环境防治法》制定的《国家危险废物名录》中明确规定，乳化油为危险废物，其生物降解性能差，能长期滞留在水和土壤里。若开采区域为水资源匮乏地区，重复利用水资源，后期需投入大量资金。因此，用纯水代替乳化油实现绿色开采意义非凡。

乳化液浓度高低直接影响液压系统元件的使用寿命。普通液压元件遇到水及水中游离 O_2，将发生电化学反应生成三氧化二铁，使液压系统元件生锈，影响其工作寿命，甚至导致支架失去承重能力而引起重大的安全事故。将水中的杂质、导电离子、氧气去除，可避免液压元件生锈的问题。通过解剖油缸，对比发现，以纯水为工作介质的系统锈蚀程度优于以乳化液为工作介质的系统，如图 4-27 所示。

(a) 普通立柱

(b) 纯水立柱

图 4-27　支架立柱拆解对比图

3. 纯水系统密封特性要求

相比传统液压系统，纯水本身润滑性能大幅降低，所以密封件材质必须具备耐水解、自润滑的特性。因此,在密封材料的选择上,使用了新型聚氨酯材料,详见表 4-6。

表 4-6　密封材料技术改造项目表

序号	密封名称	常规液压支架材料选择	纯水液压支架材料选择
1	防尘圈	耐高温水聚氨酯	自润滑聚氨酯
2	静密封	耐高温水聚氨酯	自润滑聚氨酯
3	活塞密封	耐高温水聚氨酯＋丁腈橡胶＋聚甲醛	自润滑聚氨酯＋丁腈橡胶＋聚甲醛
4	活塞杆密封	耐高温水聚氨酯＋丁腈橡胶＋聚甲醛	自润滑聚氨酯＋丁腈橡胶＋聚甲醛
5	导向环	酚醛树脂导向环	自润滑酚醛树脂导向环

4. 系统运行问题及解决方案

(1) 立柱压力自卸

使用初期,部分纯水支架立柱不保压、自卸。解剖支架立柱,分析确定为单向阀 O 形圈安装槽加工过宽,导致密封圈频繁损坏,在密封圈两侧加装挡圈,解决了立柱不保压的问题。经统计,累计更换立柱 15 根,推移油缸 8 根,平衡油缸 1 根,起底油缸 8 根,伸缩油缸 1 根,护帮油缸 3 根,纯水立柱单向阀 304 块,纯水护帮阀 304 块,纯水推拉锁 152 个,立柱安全阀 76 个,纯水平衡锁 10 个,支架主阀 132 块。

(2) 纯水制备二次污染

制水装备出水口处,初期检测纯水电阻率为 2.5 $\Omega \cdot cm$ 左右,不符合使用要求。经采样检测每个环节水质,发现 8 m^3 水箱上部氧气对纯水进行了二次污染。采取水箱上安装浮顶措施,减少纯水与空气接触,解决了二次污染问题。纯水制备装置总出水点电阻值保持在 10~15 $M\Omega \cdot cm$ 之间,符合要求。

(3) 回液清污分离

原泵站进液箱与回液箱互通,且支架液压系统回液清污无法分离,导致纯水进液与不达标的回液混合使用,造成设备不同程度的污染。若将系统回液直接外排,纯水供应量不能满足工作面生产用水需求,平均每生产 2 h,需停机补水 25 min。为了不影响生产,对回液电阻进行实时监测,实现清污自动分离(回液低于 2 $M\Omega \cdot cm$ 时外排,高于 2.5 $M\Omega \cdot cm$ 时排入回水箱),满足工作面生产用水需求。纯水制备控制系统如图 4-28 所示。

(4) 系统报警

实现了制备系统出水口、回液箱电阻值超限报警功能,保证系统可靠运行。

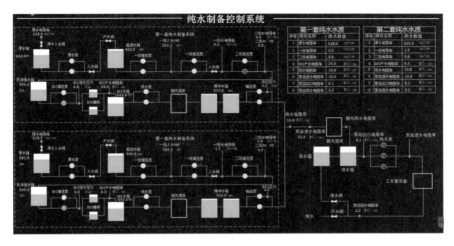

图 4-28　纯水制备控制系统

5. 综合能耗对比

（1）纯水制备系统费用

除包含制水费用外，还包括更换所有纯水千斤顶、制水设备各类滤芯、立柱单向阀与安全阀等费用。经测算，支架使用纯水的吨煤成本为材料消耗费用（0.332 元）与制水消耗费用（0.483 元）之和，共 0.815 元。

（2）乳化油费用

2018 年，消耗乳化油约 129.78 t，费用合计 105.770 7 万元，吨煤消耗乳化油费用为 0.174 元。此外，吨煤消耗支架阀、油缸、电控配件等材料费用为1.2 元。

不考虑泵站消耗的情况下，使用纯水较乳化油的吨煤成本可节约 0.559 元，详细内容见表 4-7。

表 4-7　支架使用不同工作介质费用对比

对比项目	介质费用/(元/吨煤)	支架消耗/(元/吨煤)			总计/(元/吨煤)
		阀类	油缸类	电控类	
乳化油	0.174	0.626	0.312	0.262	1.374
纯水	0.483	0.199	0.127	0.006	0.815
两者对比节约值	−0.309	0.427	0.185	0.256	0.559

五、项目发展前景

（1）以纯水替代传统乳化油作为综采液压系统工作介质，不仅实现了绿色采煤,同时降低了生产成本。若该系统在神东煤炭集团公司有效推广,每年可减少3 600多万元的乳化油购置费用。

(2)解决了设备、零部件腐蚀和密封两大难题。从材料选择、密封技术、防腐工艺、电液控制等方面做了全面研究,突破性地解决了大量的理论技术难题。熔铜处理、镀镍处理、激光熔覆处理等先进技术的集成应用,改善了基体材料耐磨、耐蚀、耐热、抗氧化等性能。

(3)保护地下水资源和生态环境,是煤炭行业一次里程碑式的技术革命,践行了"绿水青山就是金山银山"的发展理念,是煤炭绿色开采的发展方向。

第四节　自动化综采工作面

"立足世界前沿,创新采煤技术",建矿初期引进了成套综采设备,实现了全机械化开采,并积极探索自动化开采工艺,通过引进进口自动化割煤技术,与国内相关厂家合作、消化与吸收,研发出具有自主知识产权的综采自动化割煤技术。历经十余载,自动化工作面经历了四个阶段,由现场干预、多人操作的单机控制逐渐转变为远程监控、少人干预的自适应智能控制模式,自动工作面的理念也发生翻天覆地的变化。

一、综采工作面集中控制系统的研究与应用

综采工作面集中控制系统未投用时,工作面多个系统分散管理、分散控制,不便操作和管理。将多个系统集中到一个平台进行控制,对煤矿的高产高效,提高矿井安全生产的水平,促进工业化和信息化的深度融合,都将起到至关重要的作用。锦界煤矿对综采工作面采煤机、液压支架、刮板输送机、破碎机、液压泵站、喷雾泵以及供电系统优化升级,实现了集中控制、远程控制、系统故障自检、紧急停机闭锁、工作面及运输大巷无线通信等功能,同时合并多个岗位,实现了一岗多能,达到了减员增效的目的。

1. 自动化工作面简介

采用JOY 7LS6C系列采煤机,装机总功率为2 125 kW,牵引速度为0～33 m/min,生产能力为3 500 t/h。"三机"为江苏天明机械集团有限公司生产的变频机械,刮板输送机功率为3×1 000 kW,转载机功率为500 kW,破碎机功率为400 kW。液压泵站采用卡马特泵站,乳化泵功率为4×315 kW,喷雾泵功率为3×160 kW。锦界煤矿综采工作面主要集控设备见表4-8。

表 4-8 锦界煤矿综采工作面主要集控设备

序号	设备名称	规格型号	单位	数量
1	采煤机	JOY 7LS6C/LWS638	台	1
2	液压支架	ZY12000/18/38	架	186
3	刮板输送机	SGZ-1000/3×1000 300 m	台	1
4	转载机	SZZ-1000/400,39 m(双速电机)	台	1
5	破碎机	JOY-400	台	1
6	乳化液泵站	YBBP450-4	台	4泵2箱
7	喷雾泵站	YB2-315L1-4	台	3泵1箱
8	移动变电站	KBSGZY-3150/10/3.3	台	1
9	移动变电站	KBSGZY-1600/10/1.2	台	3
10	移动变电站	KBSGZY-800/10/0.69	台	1
11	组合开关	KJZ3-1500/3300-9	台	2
12	组合开关	KJZ2-1500/1140-11	台	1
13	照明信号综合保护装置	ZBZ-10.0M	台	2

2. 工作面集中控制系统

改造升级综采工作面供电、"三机"、泵站、采煤机、通信、排水等底层设备,统一部署各子系统,在控制台与自移机尾处设置集中控制室,将工作面所有数据接入数据中心,分屏显示各子系统实时运行状态,实现工作面所有设备的集中管控。

(1)集控系统硬件组成

工作面集控系统核心部件采用 KXH18(H)矿用本安型可编程控制器、KJD127(B)矿用隔爆兼本安型计算机。在泵站系统、刮板输送机、破碎机等设备上安装 KXH18(G)矿用本安型模块化控制器,同时配套 DXJ127/18 矿用隔爆兼本安型直流电源、KTK16(D)矿用本安型急停扩音电话、KHJ16 矿用本安型拉绳急停闭锁开关、KZC127 矿用隔爆兼本安型信号转换器。"三机"、泵站系统、供电系统均配备 FYF35 矿用本安型遥控发射器。

(2)集控系统设计原理

综采工作面采用德国倍福(Beckhoff)自动化有限公司 PLC 可编程控制器进行集中控制,控制箱内集控主机集成了 CAN、I2C、Modbus 三个现场总线,集中控制器与工作面各个控制模块采用低速 CAN 总线连接,与"三机"冷却分站通信,分站通过数据转换和通信将数据传输给集控主机。控制台操作部分采用高速 CAN 总线,与显示模块之间采用 I2C 总线进行集中显示,同时以太网连接一台防爆电脑实现组态画面集中显示。集中控制器与液压泵站控制分站进行通信,负责泵站传感器数据的上传以及电磁阀的控制。具体功能有:

① 集中控制器与组合开关进行通信,控制组合开关的启停;

② 集中控制器与工作面无线接收站进行通信,无线接收站接收无线遥控器的信号和采煤机的无线信号,并通过总线上传至集控主机;

③ 集控主机与控制计算机之间采用以太网进行通信,计算机对集控主机进行状态显示和参数配置;

④ 视频计算机与摄像机进行通信,用于显示工作面的视频信息;

⑤ 控制计算机通过交换机与井下工业环网交换机连接,将数据上传至地面服务器,如图 4-29 所示。

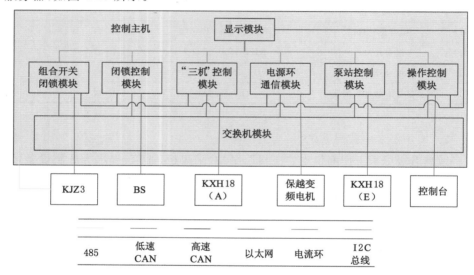

图 4-29 集控系统控制主机

3. 集控系统控制流程

集控系统具有远控、遥控、就地三种控制模式,启动前先执行自检流程,如图 4-30 所示。自检完毕具备开机条件后,按照生产开机流程实现"三机"、泵站一键启停,如图 4-31 所示。

4. 集控系统各子系统功能

(1) 工作面控制系统功能

整个综采工作面"三机"、泵站、开关、移动变电所、工作面语音通信及闭锁采用一个平台集中监控,实现设备的集中控制、联动控制、遥控控制、远程数据监控,如图 4-32 和图 4-33 所示。

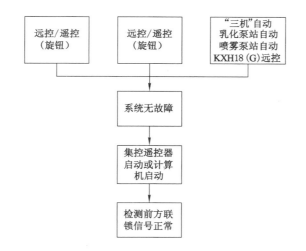

图 4-30 设备自检流程

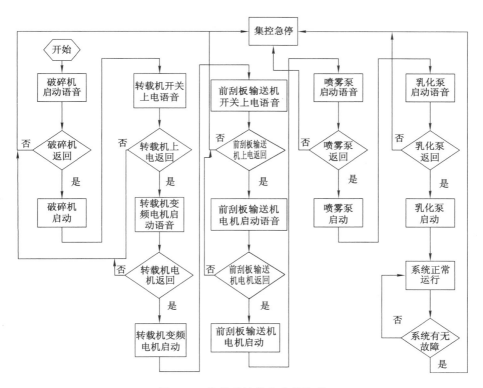

图 4-31 集控系统设备启停流程

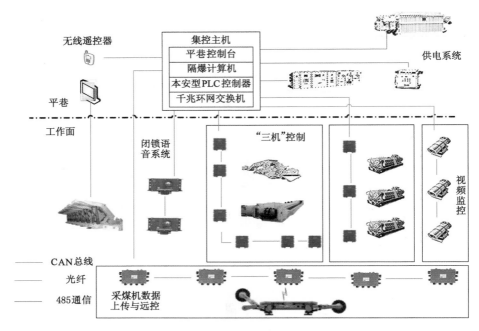

图 4-32 综采工作面集中控制系统图

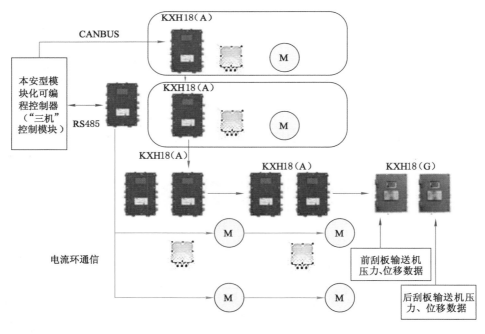

图 4-33 "三机"控制系统

① 采煤机控制系统与支架的电液控系统配合实现自动跟机移架,采煤机数据上传至地面,在地面能调用采煤机的运行数据和故障参数。该系统还具备对工作面刮板输送机的负荷量连续监测功能,随时监视其工作状况,在刮板输送机发生超负荷时,可降低采煤机的牵引速度,减少煤量。

② "三机"启动时,驱动电机冷却水阀门自动开启;"三机"停止时,冷却水阀门自动关闭。

③ 工作面集控中心具备集成调度电话功能,当遇到紧急情况,该电话拨通时,工作面沿线扩音电话均可听到电话广播内容。

④ 根据监测转载机的负载电流变化,转载机过载时刮板输送机自动停机。

⑤ 采煤机根据记忆轨迹实现自动割煤,同时支架通过检测煤机位置实现自动拉架推溜、收打护帮板等动作。

⑥ 刮板输送机机头、机尾、自移机尾出料口各安装一台高清摄像机,实现工作面所有设备的远程监控和无线遥控。将自移机尾司机、机头看护工、控制台电工"三岗合一"。

(2)泵站控制系统

通过对卡玛特泵站运行状态、油温、水压、液位、出液总管压力以及监控分站的国产化改造,实现泵站运行时间均衡控制,避免疲劳运行。通过压力反馈信号实现泵站的自动卸载、加载以及变频泵站的自动调速。泵站系统具有压力突然下降保护功能,当工作面发生爆管时,泵站自动停止运行。另外,工作面内设置泵站急停闭锁装置,当工作面遇到紧急情况时,可直接急停泵站,如图 4-34 所示。

(3)供电系统及无线通信

主控制器与各类负荷开关通信,在线监测移动变电所、组合开关的电压、电流及运行状态,实现组合开关远程设置,即设备遥控分合闸与故障复位。井下共布置 11 台无线通信综合分站,实现工作面及大巷道控制信号全覆盖,工作面任何位置均可对供电系统进行遥控,同时可与综采工作面其他自动化子系统进行联网通信。

(4)数据存储系统

系统可以存储 3 个月的设备历史运行数据及控制器操作记录,高速存储关键信息,动态曲线显示各系统实时运行电流、温度等数据,同时还具有故障查询功能。

5. 综采工作面集控系统研究方向

(1)综采工作面未来要实现无人化、自动化开采仍需要突破一些核心技

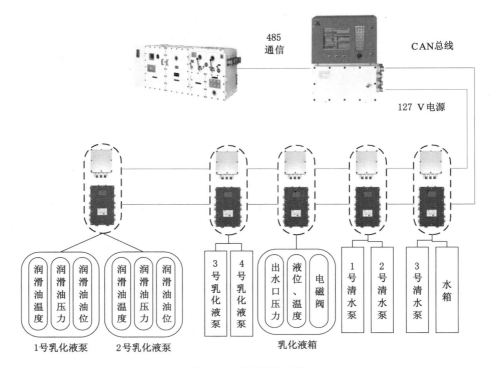

图 4-34　泵站控制系统

术,在自动割煤过程中人工干预力度较大,特别是当采煤机在割三角煤时,必须采用手动模式割煤。综采工作面出现各种突发情况时,采煤机还无法智能识别。

(2)解决煤岩界面的自动识别难题,避免滚筒割到顶、底板的岩石,提高割煤效率。

(3)需投入研究支架调直技术,工作面从头到尾支架需要处于直线状态,确保输送机与支架排列整齐,避免工作面弯曲过大损坏设备。

6. 小结

综采工作面自动化是安全高效开采技术的发展方向,体现了"无人则安"的先进安全管理理念。虽然国内许多大型煤炭企业进行了综采工作面自动化生产的应用探索,基本实现了自动化开采,但距离以设备自动化生产为主导、人工远程干预为辅助方式的遥控采煤工作模式,真正实现综采工作面的无人化还有很长的路要走。煤岩界面自动识别技术、设备姿态检测控制技术、三维定位技术等将是下一步需要研究的关键技术。

二、综采自动化采煤技术

综合分析国际先进采煤机电控系统的优缺点后,提出基于运动坐标系的单、双示范刀记忆采煤法。锦界煤矿应用该方法在 31111 至 31114 四个综采工作面进行了长期连续实践,取得了良好的应用实效。

1. 综采工作面自动记忆采煤模式

(1) 采煤机记忆采煤工艺

由人工操作割示范刀,人工识别出煤岩界线,采煤机记忆其在工作面每个位置对应的顶、底板高度,获得工作面轮廓线,然后根据记忆数据,不断重复执行割煤工作。示范刀与工业机器人的示教、学习过程一样,区别在于工作面在示教后会不断变化,而且无法准确预测,因此在采煤机重复示范刀的动作进行自动割煤时,需要操作人员根据实际情况随时进行人工干预、修正,干预后的数据再做存储、记忆,下一个循环时重复执行。

(2) 单(双)示范刀记忆采煤法

① 双示范刀记忆采煤法记忆采煤机上行、下行 2 个方向的数据,实现自动割煤。

② 单示范刀记忆割煤法(上行时割示范刀),采煤机上行时,每个采样区间内的采高数据可直接调用割示范刀时存储的数据。

③ 采煤机下行时,前摇臂(右侧摇臂)变为后摇臂割底煤,右侧摇臂的采高数据应取上一刀左侧摇臂的采高数据,则上一刀采煤机位置应比当前采煤机位置向右偏移一个机身(含左、右摇臂)的距离。

④ 单示范刀记忆割煤法(下行时割示范刀),采煤机下行时,每个采样区间内的采高数据为可直接调用割示范刀时存储的数据。

⑤ 采煤机上行时,前摇臂(左侧摇臂)变为后摇臂割底煤,左侧摇臂的采高数据应取上一刀右侧摇臂的采高数据,上一刀采煤机的中心位置应比当前采煤机位置向左移动一个机身(含左、右摇臂)的距离。

(3) 采煤机精确定位

锦界煤矿采用 D 齿轮传感器测量技术对采煤机进行定位,如图 4-35 所示。定位装置包括采煤机 D 齿轮脉冲传感器和复位磁铁两个部分。采煤机 D 齿轮脉冲传感器的主要功能是行进齿数计数、计数校正、数据发送;复位磁铁的主要功能是触发采煤机位置 D 齿轮脉冲传感器的脉冲数,从而对煤机位置进行修正。当采煤机在工作面来回运行时,传感器有可能丢掉或者增加脉冲,这种误差经过长时间的积累就会影响采煤机位置的定位精度。复位磁铁能够确保采煤机在每一个工作循环内可以进行一次以上的位置校正。当采煤机经过时,复位磁铁会触发采煤机 D 齿轮脉冲传感器,采集磁铁触发信号后触发系统对累计的脉冲数进行修正,修正采煤机对应的位置,从而达到了校正的目的。

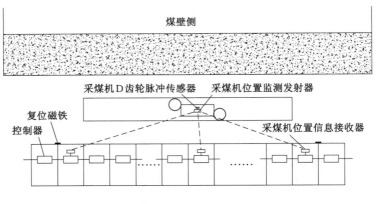

图 4-35　采煤机位置检测系统

2. 记忆采煤参数设置

记忆采煤需要设置采煤机结构参数(机身高度、机身长度、摇臂长度、截深等)、采煤机当前位置、工作面基本参数等,可在工作面安装完毕后,直接输入存储。采用倾角传感器测量摇臂角度,再根据摇臂长度、滚筒直径等一系列参数综合计算出采高。

自动化采煤系统利用界面可编程模式,适用于不同矿井、不同的采煤工艺需求。当需要调整采煤工艺流程时,只需采煤机司机在界面中,通过遥控器修改采煤工艺流程配置,即可灵活调整采煤工艺。采高卧底测量精度达到毫米级,摇臂调整高度误差可限制在厘米内,采煤机定位精度可精确到 0.2 m。

3. "十二工步"采煤模型

在总结记忆采煤的基础上,深入分析支架同采煤机联动、三机上窜下移实际情况,优化升级采煤机程序。通过增加机头、机尾复位磁铁,减少采煤机定位误差,将采煤机在一个循环割煤过程中不同的姿态、滚筒采高和卧底量分别记忆,形成了自动化采煤"十二工步"法,成功解决了采煤机机头、机尾割透三角煤不自动返刀或误抬刀等问题,极大提高了自动化割煤精准度。

"十二工步"采煤模型将一个采煤循环过程细分为 12 个工步执行,通过设置自动化采煤区间和两端三角煤折返点,控制采煤机在指定点执行规定动作,如图 4-36所示。

第一步:机头到机尾区间,根据记忆采高卧底调整摇臂高度。

图 4-36　采煤机自动采煤"十二工步"法

第二步:机尾极限位置,停牵引,滚筒换向。

第三步:机尾极限位置到机尾三角煤折返点,斜切进刀,根据设定采高调整前摇臂。

第四步:机尾三角煤折返点,停牵引,滚筒换向。

第五步:机尾三角煤折返点到机尾极限位置,根据记忆采高卧底调整摇臂高度。

第六步:机尾极限位置,停牵引,滚筒换向。

第七步:机尾到机头区间,根据记忆采高卧底调整摇臂高度。

第八步:机头极限位置,停牵引,滚筒换向。

第九步:机头极限位置到机头三角煤折返点,斜切进刀,根据设定采高调整前摇臂。

第十步:机头三角煤折返点,停牵引,滚筒换向。

第十一步:机头三角煤折返点到机头极限位置,根据记忆采高卧底调整摇臂。

第十二步:机头极限位置,停牵引,滚筒换向。

4. 小结

工作面采煤机、液压支架、泵站、三机、自移机尾、工作面通信闭锁装置、供配电装置均实现了自动化控制,并通过工作面集控系统集中管理,实现了工作面所有生产设备的一键启停、联锁/互锁、自动化运行。

从 2016 年 11 月 1 日开始,锦界煤矿 31112 综采工作面实现全生产班自动化采煤。生产过程中一名采煤机司机跟机观察,发现采高或卧底不合适时进行人工干预,人工干预数据自动存储,割下一刀时作为记忆数值使用。液压支架自动跟机运行,支架工跟机观察,在必要时进行人工修正。在自动化采煤过程中,系统采集一个生产班连续 6 刀的采高轨迹(图 4-37),可以看出在大部分区域采高数据可重复性好,局部煤层起伏较大时,需人工干预调整。

采集一个生产班连续 6 刀采高、卧底量数据,自动生成工作面顶、底板三维图像,如图 4-38 所示。由图可看出,顶、底板平整,工作面两侧巷道整齐,满足工程质量要求。

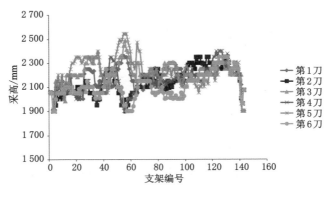

图 4-37 生产班连续 6 刀采高轨迹

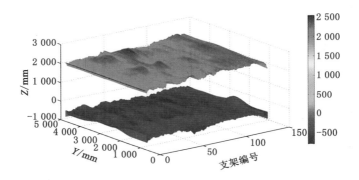

图 4-38 工作面顶板、底板三维图像

采用自动化采煤技术实现 31111 至 31114 综采工作面常态化生产,自动化采煤产量占全队总产量的 97.4%。整套自动化采煤控制系统计算准确、稳定可靠,自动化采煤工艺完全适应工程实际情况。实现了包括三角区在内的全工作面自动化采煤,在保证生产效率的前提下,自动化采煤正常生产时仅需一名采煤机司机和一名支架工跟机观察、干预,大大降低了劳动强度,保证了安全生产。

三、液压支架跟机自动化

支架通过红外线位置检测系统准确识别采煤机位置,根据采煤机位置,执行采煤所要求的自动控制功能,实现工作面所有支架的跟机自动拉架、推溜、收打护帮板等动作。

液压支架的成组自动控制是实现支架自动跟机拉架的前提条件,在任一台支架上发出一次操作命令能控制一组支架,其动作从这个组一端的起始架开始运行,按一定的程序在组内自动地逐架传递,每架的动作自动开始,自动停止,直至本组另一端的末架完成该动作为止,如图 4-39 所示。

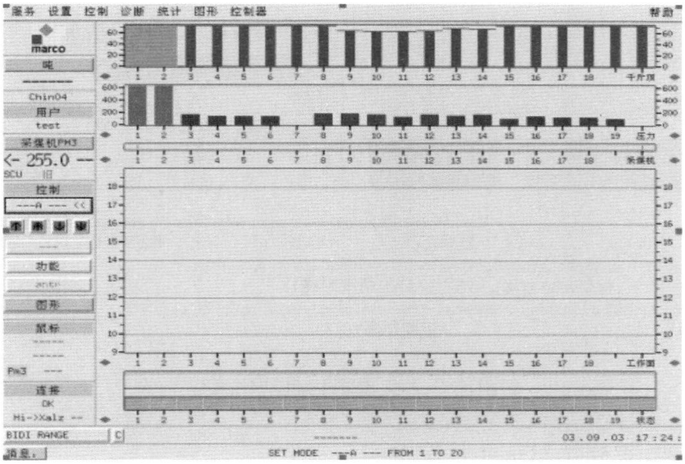

图 4-39　液压支架跟机自动化

1. 支架跟机自动化实现条件

支架要实现跟机自动化,需要满足以下基本条件:

(1) 必须要有稳定可靠的红外线采煤机位置检测系统,可精确采集采煤机位置信号;

(2) 工作面电液控制系统、支架液压系统、通信系统正常;

(3) 液压支架可以成组自动控制,即工作面支架成组拉架、成组推溜、成组收打护帮板等动作可以正常进行,且保证电液控制系统参数配置正确。

2. 支架跟机自动化流程

液压支架跟机自动化是支架降、移、升等多个动作可按照预先设定程序自动完成。液压支架动作采取传感器值优先控制策略,当传感器值达到设定阈值时,自动结束该过程。在传感器失效时,传感器检测值不能达到设定的阈值,当动作延迟到达规定时间时也要结束该动作。

支架跟机自动化基本流程如图 4-40 所示,详细步骤如下:

(1) 开始跟机自动化;

(2) 自动移架(ASQ)报警;

(3) 测试蜂鸣器是否工作正常;

(4) 检查邻架是否达到合格支撑状态;

(5) 进行推溜间隙测试并计算推溜间隙大小;

(6) 降柱直到立柱压力降低到设定移架压力,同时抬底千斤顶动作;

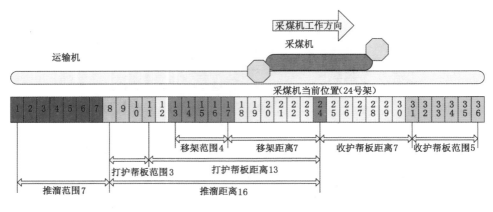

图 4-40　支架跟机自动化流程

（7）拉架，直到拉架至参数设定的行程值；

（8）如果在规定时间内未完成拉架，则进行再降柱过程，直到拉架至最终行程；

（9）升柱直到立柱压力达到设定的过渡压力以及初撑压力；

（10）推溜以消除推溜间隙；

（11）结束自动拉架，同时计算支架位置。

3．小结

跟机自动化是以采煤机位置为依据的支架自动控制。电液控制系统通过红外线传感器检测到采煤机位置信息后，将此信息传到主机，主机经过内部程序处理后，自动发出相应的控制命令，使相应的支架控制器自动完成设定操作。如在采煤机前方自动收护帮板，在采煤机后方自动移架、推溜等。操作员只需在控制主机上提前做好参数设置，点击开始，一切任务全部交给计算机，支架的所有动作过程完全自动地进行，无须人员干涉，极大地提高了生产效率，减少了工作面作业人员。

四、综采自动化工作面效益

综采自动化工作面的成功应用，是采煤技术的一次革新，效益显著。

1．实现减员增效

节省人力，降低劳动强度。人工操作时，工作面正常作业人员至少需要7人，而且每个人的工作量较大，操作频繁。自动化采煤仅需 3 人监护设备运行，简单干预，所有动作全部自动完成，见表 4-9。

表 4-9　传统采煤与跟机自动化采煤工作面人数对比　　　　　　　　单位：人

项目	支架工	采煤机司机	控制台操作工	机头看护工	自移机尾司机	工作量
传统采煤	2	2	1	1	1	烦琐操作
跟机自动化采煤	1	1		1		简单干预

2. 提高设备寿命

采用自动控制，无需按控制器的按键，延长了控制器的使用寿命。邻架控制频繁切换按键，电磁先导阀动作断断续续，跳动厉害，没有规律，而采用自动控制方式，由程序自动驱动先导阀，先导阀的动作平稳有序，损坏率大大降低。

实践证明，综采自动化工作面在锦界煤矿所属地质条件下可进行常态化运行，减少了人员主观因素开停车影响，保证了采煤过程的连续性，达到了综采工作面的高产高效；另外，将操作人员从恶劣的生产环境中解放出来，降低了人身事故率，保障了职工生命安全。

随着科技日臻成熟，采煤机工作面智能矫直控制，视频、三维虚拟自动推送技术的实现，同时仿生巡检、大数据分析的应用，使得未来采矿更趋于智能，即设备自我感知、自我判断、深度学习，未来矿山无人采煤工作面也将面世。

第五节　数字化掘进工作面

掘进工作面地质条件变化复杂，具有多样性和不确定性，在自动化、信息化、智能化建设方面相对滞后。锦界煤矿采用连采机掘进、梭车运煤、锚杆机支护、胶带输送机运输的现代化巷道掘进工艺。数字化掘进工作面的建设对于提高单进水平，保障生产接续，促进数字化矿山全面建设具有重要意义。

按照掘进工艺结构将巷道掘进数字化建设分为四大板块（图 4-41）：以连采机为主要研究对象的掘进数字化建设；以锚杆机为主要研究对象的支护自动化技术；以梭车自动驾驶技术、梭车破碎机联动、胶带输送机集控系统及材料运输自动化为主的运输数字化建设；以巷道"一通三防"信息监测、巷道顶板监测及锚杆支护质量监测等为主的保障信息化研究。

一、连采胶带机集控系统

为了不断提升矿井自动化水平，逐步实现自动化减员增效、煤矿"无人则安"的发展目标，锦界煤矿依托原有的工业环网和"综合一体化生产控制系统"对连采胶带机进行集控系统建设，于 2015 年 7 月底上线运行，同时成立了连采

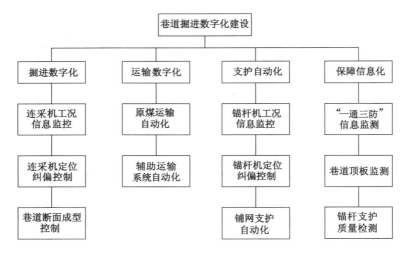

图 4-41　掘进工作面数字化建设体系

胶带机集控室,实现了地面集控室对井下连采机和胶带输送机的远程集中控制,在开展区域自动化项目中迈出了重要一步。

1. 系统概述

连采胶带机集控系统依托矿井一网一站,在每部胶带输送机机头分别安装一套 KTC102$^+$ 通信保护系统和一台网络摄像机并接入附近环网交换机,通过地面主机和连采工作面监控主机,实现地面和井下工作面对各部连采机及胶带输送机保护和开关数据采集、监测、显示及远程控制功能,并实现对胶带输送机的视频监控,如图 4-42 所示。

2. KJD127 型矿用隔爆兼本质安全型监控主机

KJD127 型矿用隔爆兼本质安全型监控主机安装了 Windows XP 系统,该系统可对人机界面进行二次开发,用户可以通过类似“搭积木”的方式来完成自己所需要的软件功能,无须编写程序,即所谓的“二次开发平台”。配置 19 英寸(1 英寸=2.54 cm,下同)显示屏,丰富了信息显示,同时也使操作和维护变得非常简单。

KJD127 型矿用隔爆兼本质安全型监控主机可以作为区域主机与该区域控制线路上的所有 KTC102$^+$ 控制器通信,通过其丰富的接口将整个区域的 KTC102$^+$ 控制器的数据读取到本机上,然后再根据客户需求绘制个性化的人机界面,不仅可实时监测,而且控制可靠性也大大提高。

该设备 I/O 接口丰富,包含 4 个 USB 接口,1 个 RS232/485 可选端口。附件包括 1 个防爆键盘,带有触摸板鼠标功能。配备看门狗定时器,软件可编程,

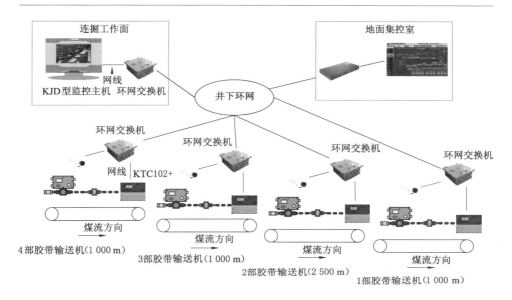

图 4-42　连采集运系统组成结构

支持 1～255 s 系统重启,可触发复位信号。设备可通过网口接入 9～16 路视频信号,可与组态画面切换显示。

3. KTC102$^+$ 通信控制保护系统

KTC102$^+$ 通信控制保护系统的处理器采用 32 位 Cortex M4 with FPU RISC CPU。该处理器功能强大,支持多种通信功能,且发热量较小。操作系统采用 RTOS 实时嵌入式操作系统,内置友好的人机交互界面,具有节约劳动、效率高、操作简便等特点。同时可提供多种 PLC 应用需求,还可提供多种传感器连接使用。显示屏和主控制板进行模块封装处理,可更好地适应井下现场恶劣的工况。KTC102$^+$ 通信控制保护系统提供 127 V 电源的开关控制,方便现场故障处理;设计有 13 个自定义按键,操作直观、简单,具有 2 路 485 接口、1 路以太网接口,可以扩展光电模块,对外引出光信号,且预留了 1 路 CAN 接口;有 16 路输入量,12 路开关量输出,2 路模拟量输出;可以远程查看控制器信息,对外提供 httpAPI 接口协议,可对多个 KTC102$^+$ 控制器进行统一管理;现场可根据用户需求,自行定制语音报警声音,应用场合更加多样化。

4. 集中控制系统功能

(1) 设备状态检测,包括设备启停状态检测,胶带输送机速度、烟雾、跑偏、堆煤、环境温度等各种工况检测,并在烟雾和环境温度动作时启动超温洒水电磁阀降温。

（2）具有语音报警提示功能，对于设备的启停及运行状态、沿线闭锁及沿线故障、各种传感器保护和故障等都带有语音报警提示。对本装置的内部电路进行周期性自动巡检，并显示状态及故障位置信息。

（3）对胶带输送机主电机开关等进行控制，实现胶带输送机保护，并具有胶带输送机沿线拉线闭锁、打点及通话功能。不再需要单独铺设另外的钢丝，只需拉动装置自身的通信电缆，就可实现急停，并显示急停位置，具有便捷及灵活的参数设置功能。

（4）在 KTC102$^+$ 通信控制保护系统中采用了五芯双屏蔽双护套强拉力阻燃电缆，接插件外壳为精铸不锈钢，插头、插座采用 U 型销快速连接。

（5）KTC102$^+$ 通信控制保护系统中带有 RS232/485 通信接口，采用 MOD-BUS RTU 通信协议，可以作为 MODBUS 从站，把自身的控制信息、状态信息、沿线闭锁信息等传给监控主机，从而搭建起一个自动监控网络。连采集控系统组态画面如图 4-43 所示。

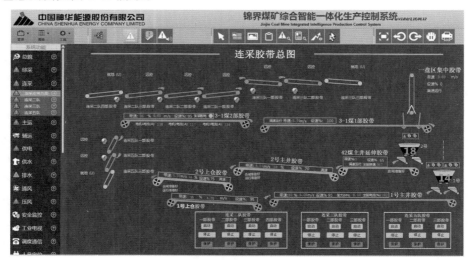

图 4-43　连采集控系统组态画面

5. 连采胶带机集控系统应用成效

（1）改造方案利用原有的井下环网，避免了通信线路的重复投资建设。

（2）控制系统融合了原有的综合智能一体化生产控制系统，提高整体集成水平，实现子系统集中控制和统一管理。

（3）成立了地面连采胶带机集控室，每班只需一名集控员即可负责井下 3 个连采队 10 部左右胶带的集中控制，同时负责连采胶带机集控系统的调试与维护工作等,发挥一岗多能、一人多职,达到减员增效的目的,并且减少了工人的劳动强度,消除了人工岗位定点操作的不安全因素,确保了安全生产。

（4）将主控制器作为数据网关,采集其他厂家设备数据并集中打包上传,实现移动变电所、沿线排水开关等设备的远程监控。

二、梭车与破碎机联动

梭车与破碎机联动是实现掘进工作面原煤运输系统自动化建设的关键一步。目前,连采机主要通过耙爪实现自动装煤到梭车,梭车与破碎机及破碎机到胶带输送机一系列运输设备的每个环节都要有人员去操作。2013年,锦界煤矿启动数字化矿山建设项目,如何在掘进生产各个环节通过数字化改造实现减员增效,是重点攻关的方向。破碎机与梭车联动,便应运而生。

在破碎机及梭车上安装联动控制装置,通过发射、接收装置,实现了破碎机与梭车启停联动控制,并通过设计逻辑控制程序,严格控制了破碎机运行及停止时间,实现了设备的高效运行,如图 4-44 和图 4-45 所示。

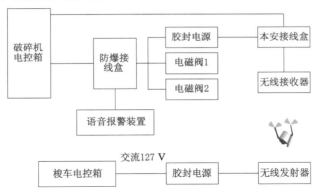

图 4-44　梭车与破碎机联动改造接线图

图 4-45　掘进工作面梭车与破碎机联动

目前,在锦界煤矿的 3 个连采队均配套安装了破碎机与梭车联动装置,运行稳定可靠，达到了设计要求，每队减少破碎机岗位工 2 人，实现了减员增效的目的。

三、胶带机托辊的改造与探索

在煤矿井下，胶带输送机是煤炭运输的主要设备，其中胶带输送机托辊安装于胶带输送机支架上，起到支承胶带、减小摩擦和提高效率的作用。在胶带输送机运转传动过程中，托辊与胶带间的摩擦力带动托辊旋转。托辊在运转过程中的转速范围为 300～500 r/min，托辊转动产生的动能无法被有效收集利用，造成了能源的浪费。若能将托辊转动的动能进行利用，将大大提升能源利用率。

1. 胶带机托辊的改造与应用

发电托辊结构如图 4-46 所示（图中不包含托辊侧外壳和轴承），胶带转动带动托辊外壳旋转，固定于其上的旋转永磁极随之旋转，固定绕组切割磁感线产生电能，并通过电源输出线将电能传出。

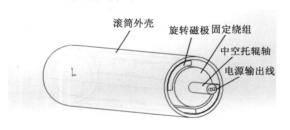

图 4-46　发电托辊结构

2. 发电托辊在胶带运输巷的应用

目前，在煤矿井下胶带运输巷内存在照明盲区，尤其是在主运输系统沿线需要对胶带输送机进行日常维护，如更换胶带输送机托辊、清扫巷道内卫生、巷道内排水等。若胶带运输巷内安装照明灯，必须要单独铺设照明供电线路，安装照明综合保护开关等，需要耗费巨大的人力和物力；胶带运输巷内未安装照明灯的，漆黑的巷道、狭窄的作业空间给作业人员带来巨大的安全隐患。

在胶带运输巷内，每隔 100 m 安装一组发电托辊，发电托辊通过储能电源箱与照明灯连接，如图 4-47 所示。在胶带输送机运行时发电托辊直接给照明灯供电，胶带输送机停止运行时照明灯依靠储能电源箱存储的电能继续照明。每套照明系统可以单独工作，维护方便。

利用发电托辊输出的电源接至电动球阀，配合传感器，实现胶带运输巷降尘喷雾的自动控制。在胶带输送机运转时，喷雾开启，胶带输送机停止时，喷雾

图 4-47　电能利用图

关闭。既符合《煤矿安全规程》就胶带运输巷每 1 000 m 设置一处降尘喷雾的要求，又节约了水资源。

目前，基于发电托辊的照明系统和降尘喷雾系统已在平巷胶带输送机上得到了应用，实现了井下能源的二次利用，省去了专用缆线的敷设和供电设备的安装，改善了员工工作环境，保证了作业时员工的人身安全，现场效果如图 4-48 所示。

图 4-48　应用发电托辊的平巷胶带输送机

3. 胶带输送机保护装置无线化探索

（1）胶带输送机保护装置存在的不足

煤矿井下运输所使用的胶带输送机及其保护装置，经过多年的应用与改进，技术日趋成熟，安全可靠性得到了验证。在实际使用过程中还存在许多不足之处，如拉线式连接线外皮老化龟裂，拉线与扩音电话的不锈钢插拔式连接口进水受潮后易导致胶带故障，影响正常生产。胶带保护闭锁外部结构如图 4-49所示。

胶带输送机沿线扩音电话固定安设，有些情况下人员距离扩音电话较远，通话不方便，特殊情况下不能紧急停车。

保护装置安设在胶带输送机行人侧，存在保护死角，若人员须在胶带输送机非行人侧作业，当遇到危险后，则无法紧急停止胶带输送机，在机尾滚筒处也

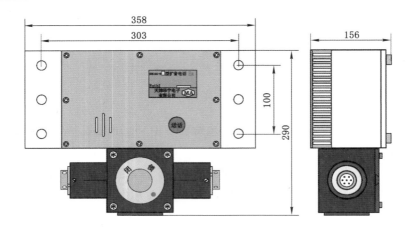

图 4-49　胶带保护闭锁外部结构

存在保护无法涉及的区域。

　　传输线路较远,压降较大,需要增设中间电源来满足远距离信号传输,给工作带来不便。

　　(2)胶带机保护装置的无线改造

　　针对以上使用过程中的缺点,依托发电托辊,设计一种胶带输送机保护系统(可由现有系统改装)。由图 4-50 可知,现有的胶带输送机闭锁装置包含 7 根传输线(连掘队 1 m 小胶带为 5 根传输线,不含图中的 6# 和 7# 数据通信线)。所以设计思路就是去除这 7 根传输线,下面对如何无线化加以说明。

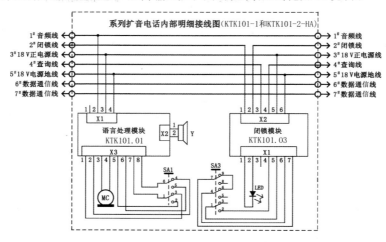

图 4-50　胶带保护闭锁内部接线图

1#线为音频线,负责传输两种信号:一是波动的音频信号,主要是胶带沿线的通话音频及胶带启动报警音频;二是联锁直流信号,电压 9 V 左右,用于驱动机尾的联锁模块。联锁模块内含有直流继电器,当胶带转动时,1#线内带＋9 V电动势与5#线18 V电源地线(0 V)构成 9 V电压驱动继电器闭合,继电器常开点变为闭合,从而允许与其串接的下部胶带或破碎机启动实现联锁。最终两种信号通过滤波实现互不干扰。音频信号改为无线的方式有许多,如 2.4G 或 FM发射等形式,接收信号时将天线发出的高频信号经解调、滤波、放大等处理后使音频信号还原。

2#闭锁线和 4#查询线、6#数据通信线和 7#数据通信线各为一路 CAN 总线。2#闭锁线、4#查询线为一路传感器数据总线,可以接各种传感器,也可以实时记录故障状态及故障台号。6#数据通信线、7#数据通信线为一路数据总线,用于与上位机和胶带综合保护器间的数据通信。两路总线的无线改造可使用CAN 转 WIFI、CAN 转 RS485 及 RS485 转 ZigBee 的方式实现,根据井下扩音电话安装距离选取合适的模块,传输距离要留有余量,以免信号传输不佳。

3#18 V 正电源线、5#18 V 电源地线原由机头控制器的电源箱内 127 V AC变 18 V DC 电源模块提供,现每 100 m 安设一组发电托辊,发出的电通过调压整流后形成 18 V 直流电,扩音电话内置蓄电池储电,以维持胶带未转动时通话、闭锁、跑偏等信号传输用电。此时联锁问题也可以得到解决,因为发电托辊只有在胶带转动时才有电输出,可以用其输出的直流电直接驱动带有常开点的直流继电器,然后用继电器的输出点作为联锁点。

改造后由于没有拉线急停设置,所以需要一种可以保证紧急情况下停胶带输送机的方法,因此可在扩音电话内安设无线遥控通断模块控制一个常闭点,当发生紧急情况时可遥控断开常闭点实现胶带机急停。这样设置的优点是无论在胶带机非行人侧还是在机尾等原来拉线急停涉及不到的地方都可急停胶带输送机,进一步提高了生产安全的可靠性。

由于音频改为无线传输,可以方便地接入同频率的音频发射接收装置,实现小型化后可由员工随身携带。最终将遥控急停、随身语音发射接收装置内嵌至矿灯内,实现一机多能,如图 4-51 所示。

四、梭车无人驾驶技术实践

采矿无人化、少人化是矿山发展的重点方向。在无人驾驶取得突破后,针对梭车的无人驾驶技术成为国内采矿行业亟待突破的又一难关。相比于有人驾驶,无人驾驶具有工作效率更高、人力成本更低、安全性更高、运输管理更为科学等一系列优势。梭车无人驾驶的突破,不仅将创造采矿行业新的技术高度,也是实现工业化与信息化融合的重要标志。

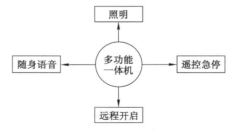

图 4-51　一体机附加功能图

1. 梭车无人驾驶系统

(1) 数据采集

无人驾驶系统从视觉相机、毫米波雷达、激光雷达、惯导 IMU 等传感器采集的数据传导给相应模块来指挥车辆行驶。梭车无人驾驶系统框架,如图 4-52 所示。

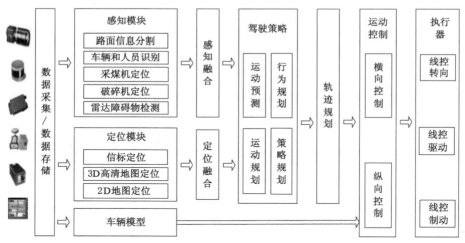

图 4-52　梭车无人驾驶系统框架

毫米波雷达可以输出目标相对本车的位置和相对速度信息,但因其不能判断目标大小和准确识别行人,输出目标类型不确定,且容易输出非常多的误判目标。多线激光雷达能够非常准确地输出道路环境的点云信息,可以定位出目标的类型、位置、速度、可行驶区域信息,但是对粉尘、雨、雪等较为敏感。视觉可以识别车道线、行人和车辆,但是受光线影响比较大。通过多传感器数据融合,数据冗余,可以实现多类数据的准确定位。一般处理过程:建立起以车体前端中心为原点的车体坐标系,向右为 X 轴正,向前为 Y 轴正。将传感器数据信息通过标定方法映射到车体坐标系中,对前方目标,首先获取激光雷达聚类后的障碍物数据,然后通过激光雷达的点云信息和摄像头识别到的目标信息进行匹配,获取准确的目标,再结合毫米波雷达数据,得到目标的相对速度,进而可以准确地判断出前方目标的状态以及方位信息。对侧方目标,可通过对侧方的16 线激光雷达数据进行处理,判定出侧前方和侧后方目标。

通过激光雷达点云信息能够建立车辆运行环境的 SLAM(同步定位与地图构建),同时,摄像头则可以通过识别车道线和道路边沿信息,获得车辆的预期行驶边界,再结合惯性测量单元可以获取车辆姿态信息,进而规划出全局路径地图,保证车辆沿着预设轨迹正常行驶。

(2)环境感知模块

感知处理模块主要是接收来自传感器的原始数据,并对其进行一定的算法处理得到可供决策规划模块处理的输入数据。此处传感器主要为激光雷达、毫米波雷达、摄像头和 GPS/BDS/惯导系统。

激光雷达获取静态及动态障碍物数据,毫米波雷达获取动态障碍物的相对速度,摄像头可以获取车道线、车辆及行人等信息,GPS/BDS/惯导系统可以获取车身位置及车辆姿态信息。

感知处理模块涉及多个传感器且类型繁多,为了对无人驾驶车辆区域的信息进行全面的、准确的、实时的感知,需要对多种传感器获取的感知信息进行数据融合。

对传感器获取的感知信息处理的结果是输出目标信息图、道路信息图和车辆信息。其中,目标信息图主要是指无人驾驶时对车辆周围障碍物进行监测,如距离无人驾驶车辆一定范围内的车、行人、静止或移动障碍物、马路边沿等;道路信息图主要指车道线、马路边沿等;车辆信息包括车速、车姿等。在项目的软件通信架构中,这些信息共同构成数据传递话题,决策层订阅话题获取所需的感知信息。其中,更新频率由传感器硬件刷新频率、数据处理算法、数据融合算法共同决定。

(3)决策规划模块

决策规划层是环境感知和车辆控制之间的衔接层,也是无人驾驶的主要部分,体现无人驾驶的认知水平。决策规划模块接收来自环境感知模块的信息,根据全局道路和局部环境信息,规划出一条满足车辆行驶安全性和车辆动力学控制要求的可供行驶的局部路径,然后将局部路径提供给车辆控制进行跟踪。

（4）车辆控制模块

车辆控制模块接收决策规划模块发送的路径信息,并根据车辆当前状态,基于智能控制算法,形成对车辆底层转向、油门、制动部件的控制命令,并将命令发送至底层控制计算机。底层控制计算机直接控制车辆油门、刹车、转向,主要完成车速和方向盘转角的闭环控制。

（5）数据支撑模块

数据支撑模块主要实现整个系统间数据通信的监控和数据记录,并对记录数据进行离线仿真,实现场景还原。此模块充当着无人驾驶软件系统的"监控员""记录员""搭建人"的角色,它贯穿于系统的整个生命周期。此模块由多个子模块构建而成,其中包括仿真调试模块、实时记录模块、进程监控模块、故障诊断与处理模块。

在系统启动之前,可以通过配置相关参数,来决定运行哪些模块,记录哪些模块的数据。

在系统运行过程中,监控各个模块节点的运行状态,当模块异常终止时自动重启该模块,并且可以批量暂停、恢复、终止某个应用模块,便于系统调试。对需要记录数据的模块进行数据记录。

在系统终止时,我们可以设定顺序并按照预定顺序安全地关闭各个模块,使系统稳定地停止。

在系统处理离线状态时,可以根据之前记录的实车数据,对场景进行还原。

2. 梭车无人驾驶系统组成

（1）视觉相机

视觉相机是将通过镜头投影到传感器的图像传送给能够储存、分析和显示的机器设备上。可以用一个简单的终端显示图像,如利用计算机系统显示、存储、分析图像。视觉相机可以对人员防撞、道路偏移、车辆防撞以及行驶路面进行检测,同时对车辆周边环境进行监测。

（2）激光雷达

激光雷达是以发射激光束探测目标的位置、速度等特征量的雷达系统。其工作原理是向目标发射探测信号（激光束）,然后将接收从目标反射回来的信号（目标回波）与发射信号进行比较,做适当处理后,就可获得目标的有关信息,如目标距离、方位、高度、速度、姿态、甚至形状等参数。它由激光发射机、光学接收机、转台和信息处理系统等组成,激光器将电脉冲变成光脉冲发射出去,光接收机再把从目标反射回来的光脉冲还原成电脉冲,送到显示器。

（3）惯导 IMU

惯导 IMU 是测量物体三轴姿态角（或角速率）以及加速度的设备。每个惯导 IMU 内会装有三轴的陀螺仪和三个方向的加速度计，来测量物体在三维空间中的角速度和加速度，并以此解算出物体的姿态。为了前进可靠性，还可以为每个轴配备更多的传感器。惯性系统和北斗系统组合，可输出载体的位置、速度、时间、姿态角度、航向角度、加速度值、角速度等。

3. 关键技术

掘进工作面梭车无人驾驶需要与激光雷达、视觉等感知设备进行数据融合。另外，掘进工作面多种车辆同时运行，工作人员现场作业，需要实现对环境中移动障碍物的实时检测和避障。基于上述原因，在数据采集和环境感知方面由激光雷达 SLAM、视觉相机、毫米波雷达、惯导 IMU 组成，从而实现对目标位置、环境障碍物、车辆位置和姿态信息的准确感知。通过多传感器信息融合技术降低误判概率，提高信息输出的稳定性和准确性，为系统决策、规划和控制提供数据支撑。

（1）基于视觉-雷达多模态融合感知

基于"弱配对"的思想，建立多模态的联合稀疏编码框架，进行障碍物和车辆检测，提高障碍物和车辆的检测的准确率，如图 4-53 所示。

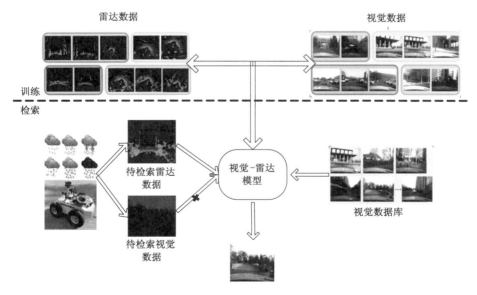

图 4-53　多模态融合感知

（2）路径规划技术

路径规划包括对全局路径和局部路径进行规划。

全局路径规划：掘进工作面固定道路的路线由采集测量车负责路线采集，全局路线在一定时间内固定。系统采用固定路线采集而得，可通过车辆定位后，在寻迹模式进行全局规划，并通过感知模块进行识别及避障以保证安全。

局部路径规划：针对特殊路径，如遇井下某个设备、周围有工作人员或者其他车辆，系统自动规划局部路径。

（3）安全保障技术

系统功能符合相关技术要求，如表 4-10 所列。

表 4-10　预期功能安全技术

序号	因素	智能汽车安全	安全技术	相关标准
1	车辆因素	辅助驾驶系统	主动安全	NCAP
2		电子电器系统	功能安全	ISO 26262
3		环境识别	预期功能安全（SOTIF）	ISO PAS 21448
4		决策失误		
5		执行器相应能力		
6	人员因素	乘员误用		
7	环境因素	环境干扰		
8		网络攻击	信息安全	SAE J3061

同时提供紧急停车按钮功能，当急停按钮被按下时，指示灯亮起并输出清晰的状态指示。其中，锁定式执行器可起到良好的监督和控制的作用，可预防按钮紧急按下之后，在未经授权的情况下被擅自操作或者意外复位。

（4）线控系统

整车线控改造包括线控转向、线控制动和线控油门改造，是无人驾驶底层控制的硬件基础，线控改装精度和可靠性是无人驾驶性能的重要影响因素。

① 线控制动

线控制动是在原车制动系统基础之上，增加 ECS 泵和保压电磁阀，并通过底层计算机实现对 ESC 泵和保压电磁阀的精确实时控制，根据决策软件命令实施制动。

底层线控制动改装原理图和实物图如图 4-54 所示。

② 线控油门

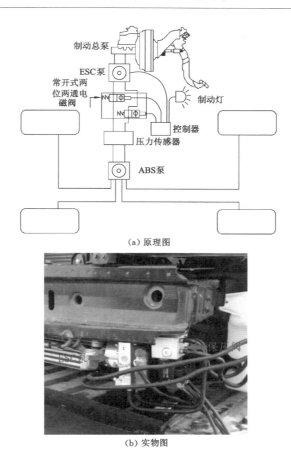

(a) 原理图

(b) 实物图

图 4-54　底层线控制动改装原理图和实物图

　　无人驾驶控制系统是通过控制油门模拟信号来实现对车辆的加速控制,通过研发微控制单元(MCU),实现控制继电器和 DA 输出来控制油门踏板。

　　发动机的控制包括转速控制和转矩控制两个方面。这两个方面的控制,需要无人驾驶控制系统对加速踏板位置进行控制,同时需要采集节气门位置信号和电机转速信号作为反馈。油门控制由无人驾驶控制系统通过 CAN 总线直接向其发送控制指令,控制电机的转速和转矩。

　　③ 线控转向

　　线控转向改装实施方案:在原有传动机构基础之上,增加转向电机,并通过CAN 总线对电机进行控制。同时加装角度传感器,对方向盘转动角度进行反馈,实现底层线控转向的稳定及精确控制。当手力矩大于额定值且超过 200 ms或总线故障时,系统切换回正常助力状态。线控转向原理如图 4-55 所示。

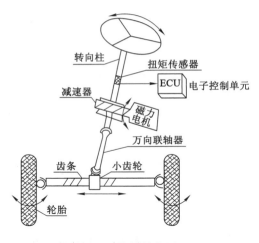

图 4-55 线控转向原理

第六节　自动化排水系统

在煤炭开采过程中,地表水、地下水或断层水不断涌入巷道,不能及时排出会影响到矿井安全生产。现大部分煤矿井下排水设备自动化程度低,需要依靠人工操作来控制排水泵的启停。主排水系统作为矿井主要生产辅助系统,其运行状况将直接影响矿山经济效益。因此建设一个稳定、可靠、节能、高效的排水系统至关重要。

一、主排水系统排水方式

煤矿排水设备通常采用耐磨式离心泵,其排水方式有自灌式和自吸式两种。自灌式离心泵要求吸入点尽量低于最低液位,且具有流量大、压头高的特点。自吸式水泵在第一次启动前需要向水泵内灌引水,排除水泵内空气后才可启动。

1. 离心泵的引水方式

(1) 射流泵

该方式主要由射流器和控制阀门组成(合称射流总成),利用压力水的高速喷射使射流器气室内形成真空。经由吸气管将泵体内的空气逐步排除,直至吸水管和泵体内充满水。射流器是无源机械器件,体积小、成本低、安装维护方便,但需要一定压力的静压水作为动力。该方式适用于扬程较高或能够通过其他方式提供压力水源的泵房。

(2) 真空泵

该方式由水环式真空泵和电动阀门组成。通常整个泵房共用 2 套引水系统,排水时先选择启动 1 台水环式真空泵,待水泵腔体内的空气被排除后,再启动离心泵。该方式抽真空效率高,引水速度快,但需要一定空间来安置水环式真空泵和循环水箱,适用于空间开阔的泵房。

锦界煤矿井田主要含水层有松散层孔隙潜水(沙层水)和直罗组孔隙裂隙承压含水层(风化岩水层),前者包括河谷冲积层潜水和萨拉乌苏组潜水。局部区域存在烧变岩孔洞裂隙潜水。

目前正常矿井涌水量为 4 300 m³/h 左右。涌水量主要构成如下:各综采工作面为 700 m³/h 左右,采空区为 1 500 m³/h 左右,各个备用工作面探放水为 2 100 m³/h 左右,以及井巷少量涌水。

2. 主排水泵房自动化排水系统

锦界煤矿设有 2 个中央主排水泵房,5 个盘区排水泵房,2 个潜排水泵房。全矿排水能力为 13 300 m³/h,可以满足矿井现有涌水量设防要求,并有较大的富余量。

如图 4-56 所示,主排水泵房的耐磨式离心泵均配备大功率三相异步电动机、出水电动闸阀、排真空电动球阀以及压力传感器、真空度传感器等设备,

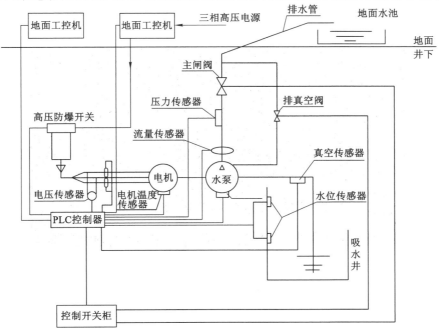

图 4-56　主排水泵房自动化排水系统

同时为了保证耐磨式离心泵正常运转,各泵房均配备有排空气设备或专门方案。

(1) 控制系统

主排水泵房控制系统由 PLC 控制器、I/O 设备、各类传感器、电动阀等组成。自动化排水系统具备以下功能:

① 通过水位传感器实时监控水仓的水位情况,控制器根据设置的高低水位发出启泵、停泵指令,并根据水位上涨和下降情况调整运行水泵数量;

② 根据设备均匀磨损的原则对工作、备用水泵进行切换,防止水泵由于长期闲置造成电机受潮;

③ 主排水泵控制系统具备自动启停功能,可满足就地一键启停、远程一键启停、挂牌检修等多种控制方式;

④ 系统具备过载保护、短路保护、缺相保护、欠压释放、过力矩保护、过热保护及相序自动纠正等电机保护功能,具有水泵流量、压力保护功能。

(2) 监测系统

自动排水监控系统是主排水泵房的中枢系统,锦界煤矿主排水泵房全部实现无人值守,通过工业控制网或以太环网实现主排水泵房数据实时监测和数据共享。主排水泵房自动化排水监控和功能画面分别如图 4-57 和图 4-58 所示,监测系统具备以下功能:

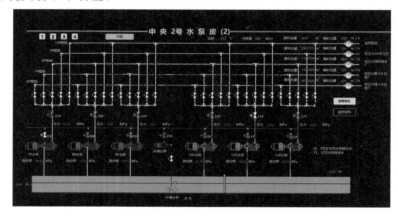

图 4-57 主排水泵房自动化排水监控画面

① 水仓实时水位的在线监测,误差不超过 0.1 m;

② 水泵运行状态、电机工作电压和电流、电动闸阀及电动球阀的开启状态、出水管的实时压力等参数的在线监测;

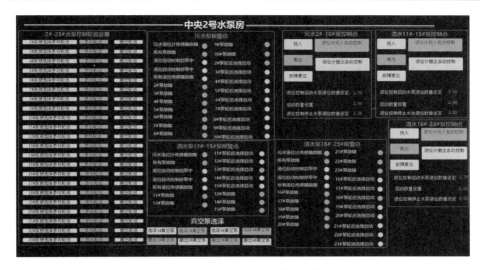

图 4-58　主排水泵房自动化排水功能画面

③ 排水管路瞬时流量和累计流量在线监测;

④ 具备历史数据查询,即运行时的实时监测数据均可存储于数据库中,实现历史回显、历史趋势分析等功能;

⑤ 具备模拟值超限报警功能,可将故障信息存储于报警记录历史数据中,同时将故障信息推送至相关人员;

⑥ 具有系统故障自诊断功能;

⑦ 监控软件具有人机界面友好、操作简单直接、权限按需管理及动态画面直观显示等特点;

⑧ 系统运行可靠,故障率低,维护方便,组态修改简便。

（3）设备健康状况分析

排水设备智能诊断是排水设备智能化的关键环节,掌握设备实时运行及设备本身健康状况等信息是水泵房实现无人值守的前提条件。本书通过了解国内外动态,提出了一种设备健康自检的方案。

在水泵及电机上安装多维智能传感器,采用无线信号传输模式,实时监测水泵、电机的振动和温度（定子温度和轴温）等参数,并且建立电机及设备重要部件振动、声音、温度的频谱分析,提取故障判断特征量,并根据特征量的大小进行分级报警,对电机潜在的机械损伤进行探测和预警。

传感器综合分站可采用蓝牙等无线通信方式与检修人员手持终端连接,检修人员在靠近设备后即可读取设备的运行状态及健康状况,同时分站可将设备的报警、预警、检修、更换等信息直接推送至检修人员。

（4）主排水系统能耗分析

主排水泵房均配有变电所，实现自动化排水系统与变电所数据交互，通过智能分析，合理安排水泵运行时间，使水泵尽量在负荷低谷处运行，减少日负荷曲线的波动以及电力线路的有功损失和无功损耗，节约电费。表 4-11 为锦界煤矿中央 2 号水泵房水泵分时运行表。

表 4-11 锦界煤矿中央 2 号水泵房分时运行表

每日时间段	清水泵/台	污水泵/台
7:00—17:00	4	3
17:00—00:00	3	2
00:00—7:00	2	1～2

排水管路在长期使用后会在管壁发生结垢现象，增加了管路的阻力，间接减小了管路流量。通过主排水泵房进、出水管路上安装的流量计，对排水管路流量进行实时监测，结合数据后台分析，可以了解管路的结垢程度，对及时清除管路结垢，提高管路运行效率具有指导意义。

锦界煤矿通过管路流量监测并结合数据分析及时清理管路结垢，改善管路结垢情况后，水泵效率得到提升，吨水百米能耗降低 5% 左右，如表 4-12 所列。

表 4-12 锦界煤矿中央 2 号水泵房 8 号污水泵及管路监测数据

排水指标	水管结垢后	水管处理后
流量/(m^3/h)	336	486
流速/(m/s)	2.83	3.12
管路压力/MPa	2.96	2.88
排水管直径/mm	400	400
水泵效率/%	67.6	68.7
管路效率/%	84.3	90.5
吨水百米电耗/(kW·h)	0.545	0.518

3. 中转水仓与分散小水窝自动化排水

传统煤矿仍设置岗位工对中转水仓水泵进行就地操作，劳动效率低。锦界煤矿中转水仓自动化排水系统配有离心泵、电动闸阀、注水排气电磁阀等设备。

中转水仓在线监控系统如图 4-59 所示。

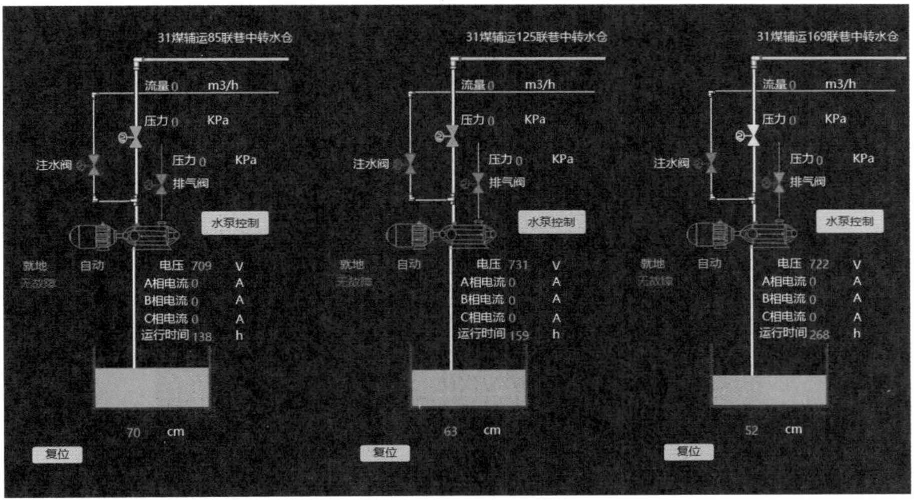

图 4-59　中转水仓在线监控系统

井下分散小水泵主要靠水位探头接入磁力启动器控制回路来进行控制启停。矿内共有 320 台 4 kW 小水泵,主要分布在各巷道低洼处,所有分散小水泵均实现自动排水,小水泵控制开关全部实现了远程监测,生产控制系统可实时查看小水泵的运行状况。

井下分散小水窝较多,设备的更新较频繁,组态画面无法及时更新,小水泵数据上传及远程控制画面通常也不能及时更新,如图 4-60 所示。通过给小水泵安装电子标签,做到即接即显,当水泵位置发生变化时,只需地面修改水泵安装位置即可组态完毕。

4. 中转水仓自动化排水系统改造

(1)中转水仓自动化排水系统存在的问题

中转水仓自动化排水系统自应用以来,运行过程中主要存在以下问题:

① 自动化排水系统配套的电动闸阀、排气电磁阀及吸水底阀等在运行一段时间后均有不同程度的故障发生,特别是注水排空气的电动球阀极易损坏,更换较频繁;

② 电动闸阀、注水电动球阀、传感器等均为电子元件,发生故障后需要专业人员进行维修处理,导致故障处理时间较长,影响自动化排水;

③ 自动化排水配套设备维修更换费用较高,一套电动闸阀、注水电动球阀约 6 万元;

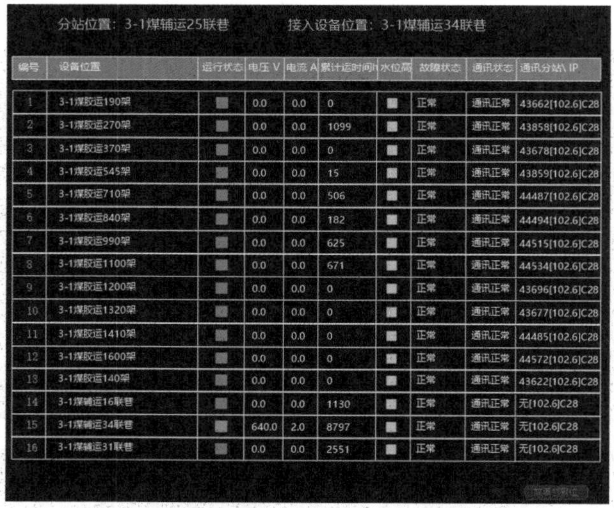

分站位置:3-1煤辅运25联巷　　接入设备位置:3-1煤辅运34联巷

编号	设备位置	运行状态	电压V	电流A	累计运行时间	水位高	故障状态	通讯状态	通讯分站\IP
1	3-1煤胶运190架	□	0.0	0.0	0	□	正常	通讯正常	43662[102.6]C28
2	3-1煤胶运270架	□	0.0	0.0	1099	□	正常	通讯正常	43858[102.6]C28
3	3-1煤胶运370架	□	0.0	0.0	0	□	正常	通讯正常	43678[102.6]C28
4	3-1煤胶运545架	□	0.0	0.0	15	□	正常	通讯正常	43859[102.6]C28
5	3-1煤胶运710架	□	0.0	0.0	506	□	正常	通讯正常	44487[102.6]C28
6	3-1煤胶运840架	□	0.0	0.0	182	□	正常	通讯正常	44494[102.6]C28
7	3-1煤胶运990架	□	0.0	0.0	625	□	正常	通讯正常	44515[102.6]C28
8	3-1煤胶运1100架	□	0.0	0.0	671	□	正常	通讯正常	44534[102.6]C28
9	3-1煤胶运1200架	□	0.0	0.0	0	□	正常	通讯正常	43696[102.6]C28
10	3-1煤胶运1320架	□	0.0	0.0	0	□	正常	通讯正常	43677[102.6]C28
11	3-1煤胶运1410架	□	0.0	0.0	0	□	正常	通讯正常	44485[102.6]C28
12	3-1煤胶运1600架	□	0.0	0.0	0	□	正常	通讯正常	44572[102.6]C28
13	3-1煤胶运140架	□	0.0	0.0	0	□	正常	通讯正常	43622[102.6]C28
14	3-1煤辅运16联巷	□	0.0	0.0	1130	□	正常	通讯正常	无[102.6]C28
15	3-1煤辅运34联巷	□	640.0	2.0	8797	□	正常	通讯正常	无[102.6]C28
16	3-1煤辅运31联巷	□	0.0	0.0	2551	□	正常	通讯正常	无[102.6]C28

图 4-60　分散小水泵自动化排水监控画面

④ 自动化排水配套设备多,自动启停流程复杂,影响离心泵无法自动启动的因素较多,造成中转水仓自动化排水系统不稳定,影响矿井正常排水,同时增加了巡检人员的检修强度。

结合工程实际,矿内设计了一种新型的离心泵自动排水装置。该装置结合了管路连通器及真空器原理,在离心泵吸水管侧安装了一个负压吸水水箱,离心泵由一台磁力启动器的水位传感器控制,实现中转水仓离心泵的自动排水。

(2) 负压水箱的设计原理

离心泵吸水箱与泵体吸程口相通,同时水箱内设有注水口、吸水管和排气孔,水箱在初始安装后,需进行注水排气,排气阀设置在水箱上端。水箱与泵体组成连通器,通过计算吸水箱容积与离心泵吸程管路的合理匹配,设计制作了吸水箱,然后合理设置负压吸水管与水仓液面的高度,负压水箱顶部与水泵吸水管路高度,保证在真空力作用下水箱内水位不能下降,保证负压吸水管、吸水水箱、水泵吸水管及泵体内始终存在较多容积水,以便离心泵随时启动。当离心泵运转后储水箱形成真空状态,不断自动吸水,达到排水目的,如图 4-61所示。

负压水箱自动排水装置取消了原自动排水系统出水电动闸阀、注水电动球阀、排气电磁阀、底阀 4 个设备的配置,减少了配套设备数量,同时排水前无须进行注水排空气,简化了排水流程。

同时考虑到中转水仓多为污水仓,设计吸水口及负压水箱时必须解决水箱

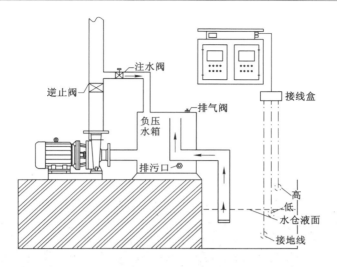

图 4-61　中转水仓负压水箱排水设计

防污问题。

（3）负压水箱容积的确定

离心泵启动时,水箱内的液体量需大于离心泵吸程管路的体积,同时在离心泵运转以后,水箱需要有与水泵流量相适应的液体量,以使进入水箱的水量与由离心泵抽出的水量保持平衡,保证水泵稳定运转。

（4）经济效果

该装置制作简便,储水箱用 6 mm 钢板加工而成,成本约 1 000 元,排水成本降幅明显;且安装维护方便,水箱设有排污口,只需定期排污,改变了频繁换底阀的现状。

负压水箱自动排水启泵初期电流较小,经过 10 余秒后电流恢复至额定值。由此可见,负压水箱自动排水装置还具有"软启"的作用,对电机起到一定保护作用。在试运转后,状态平稳,效果良好,已在全矿井推广。

二、物联网技术在自动化排水中的应用

1. 水情监测

水害治理一直是矿井防治水的重点工作,但目前矿井排水系统不能直观体现井下水情变化的实际情况,如图 4-62 所示。通过对矿井采空区水位及入水口、出水口增设水位及流量传感器,对井下回风巷道和泄水巷道的出水管路安装流量器,对矿井水情进行实时监测,系统提供矿井水情的趋势分析,再通过先进的物联网技术,实现了矿井智能化联合排水,并为矿井防治水工作提供决策

性参考。图 4-63 为水泵房排水管路流量在线监测画面。

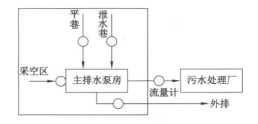

图 4-62　矿井水情监测系统简图

中央1号水泵房	管路直径	瞬时流量（m³/h）	累计流量（m³）
1号管路	DN400	000	0000000
2号管路	DN400	470	0012264

中央2号水泵房	管路直径	瞬时流量（m³/h）	累计流量（m³）
1号管路	DN400	810	0267747
2号管路	DN400	000	0189572
3号管路	DN400	000	0000013
4号管路	DN400	000	0000007
5号管路	DN400	617	0330571
6号管路	DN400	274	9055605
7号管路	DN400	727	15018603
8号管路	DN400	260	11405033

盘区1号水泵房	管路直径	瞬时流量（m³/h）	累计流量（m³）
1号管路	DN300	463	9682573
2号管路	DN300	000	004
3号管路	DN300	000	788
4号管路	DN300	000	0000000
5号管路	DN300	000	0000000
6号管路	DN300	000	0000000
7号管路	DN300	000	1140326
8号管路	DN300	184	1832548

盘区4号水泵房	管路直径	瞬时流量（m³/h）	累计流量（m³）
1号管路	DN400	052	0542112
2号管路	DN400	000	0670996
3号管路	DN400	000	2583770

井下排水系统总图

盘区2号水泵房	管路直径	瞬时流量（m³/h）	累计流量（m³）
1号管路	DN300	000	0000000
2号管路	DN300	000	0000000
3号管路	DN300	000	0000000
4号管路	DN300	000	0000000
5号管路	DN300	000	0000000

盘区3号水泵房	管路直径	瞬时流量（m³/h）	累计流量（m³）
1号管路	DN400	633	16777216
2号管路	DN400	646	5111467
3号管路	DN400	000	0032728

图 4-63　水泵房排水管路流量在线监测

　　水情监测系统除了能采集各监测点的水位、压力、水泵状态等信息外，还应当具有继电输出功能、通过控制开关来启停水泵和发送报警预警的功能，实现水情监测的动态性、实时性和交互性。

　　水情监测系统可绘制水情实时趋势曲线、历史趋势曲线，并自动生成各类报表等，如图 4-64 所示。

　　2. 均衡排水

　　为了优化矿井排水系统，实现地面污水处理厂科学、合理、高效地运行，达到降低矿井排水成本的目的，结合生产实际状况，锦界煤矿在井下建立了均衡

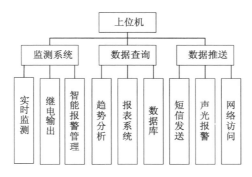

图 4-64　水情监测系统功能结构

排水系统。均衡排水预警模型设计结构如图 4-65 所示,模型具备配置、查看、分析三大功能。

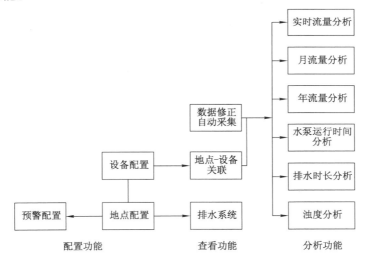

图 4-65　均衡排水预警模型设计结构

当排往污水处理厂的水的浊度持续达到 1 000 NTU 时,系统进行报警,当监测值超过报警值且持续 10 min 时,生产控制系统将自动停止主排水泵房水泵,同时将自动开启排往采空区的主排水泵,将污水注入井下采空区进行过滤,然后通过清水主排水泵房,直排至地面。

当水泵房水仓污水浊度监测值低于 1 000 NTU 且持续 10 min 时,生产控制系统将自动停止排往采空区的主排水泵,同时将自动恢复主排水泵房至污水处理厂排水系统。

如图 4-66 所示,均衡排水系统可对矿井实时排水量进行自动统计,对月排水量、年排水量进行分析,通过排水百分比对排水能力是否满足使用要求作出准确判断,对水质进行在线监测、关联分析,达到均衡排水的目的,同时可自动生成各类所需报表。

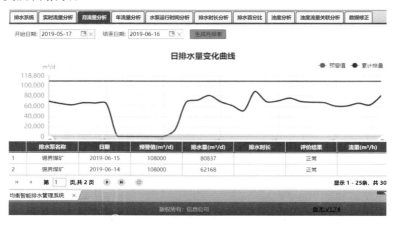

图 4-66　生成执行系统均衡排水板块

三、自动化排水系统应用成效

井下排水系统全面实现自动化排水后,每条平巷长按 4 500 m 计算,全班减少 4 人,主排水泵房全班可减少 3 人,每个盘区按一个综采工作面、一个备用工作面、一条泄水巷、一个主排水泵房计算,可减少岗位工 15 人。排水岗位工变身巷道巡视工后,每个盘区每班只需 4 人进行作业,每个盘区累计可减少岗位工 11 人。

煤矿井下排水用电是矿井主要用电负荷之一,面对当今煤炭市场成本管控的压力,降低排水系统电耗具有重要意义。2014 年,数字化矿山投入使用以来,锦界煤矿不断完善自动化排水系统,截至 2017 年年底,主排水泵房、中转水仓自动化排水项目全面完成,部分小水窝由于矿务工程原因,不具备实现自动化排水的条件。通过对比 2015—2017 年排水电能消耗,使用自动化排水技术可大幅降低电力成本,2017 年排水电能消耗较 2015 年下降 12.7%,如表 4-13 所列。

表 4-13　2015—2017 年排水系统电能消耗对比

年份	排水用电/(kW·h)
2015	50 552 038.24
2016	47 653 375.31
2017	44 131 131.68

第七节　自动化通风系统

通风机是煤矿的四大固定设备之一,担负着输送新鲜空气、排出粉尘和污浊气流的重任,具有"矿井肺腑"之称。一旦通风机发生故障,将会对整个矿区的生产和安全造成重大影响。建立一套功能完善的自动监控系统,实现矿井通风设施性能及状态的在线实时监测,以便在生产过程中及时掌握主通风机的运行参数和状态,是主通风机控制系统的发展方向。

国外对通风机自动控制的研究始于20世纪90年代,经历了20多年的发展,在保护控制、监测系统、降低设备故障率、提高通风机运行效率等方面取得了一系列成果,特别是以德国 TLT 公司为代表,通风机可实现液压式动叶调节,运行效率可保持在83%~88%。同时以丹麦 B&K 公司、美国 SD 公司等为代表的通风机监测系统也日趋成熟,这些系统硬件可靠性高,软件功能丰富,但价格昂贵。

国内在通风机动叶调节和监测系统方面起步较晚。风量调节方法落后,不能做到及时连续自动调节,实时性差,风量控制不准确,自动化程度不高。另外,我国煤矿主通风机一般都在远离煤矿管理部门的井田边缘,通风设备的管理由于运行参数不能实现在线监测而成为煤矿自动化管理的薄弱环节。

一、通风机在线监控系统

1. 主通风机在线监控

锦界煤矿地面共安装2套矿用对旋防爆轴流通风机,分别为青草界1号主通风机和大曼梁2号主通风机。

矿井采用分区式通风方式,抽出式通风方法,共设有5个进风井,2个回风井,总排风量为 3.23×10^4 m³/min,通风系统核定生产能力为2 474.3万吨/年。

每套主通风机均安装2台同等能力的主通风机,一用一备,每月切换一次,满足矿井通风要求。

主通风机房均采用双电源双回路供电,上级电源取自就近变电所,两段电源分列运行,保证供电安全可靠。

锦界煤矿主通风机及配套电机参数如表4-14所列。

表 4-14　矿井主通风机及配套电机参数

序号	主通风机参数					配套电机参数				使用地点
	主通风机型号	主通风机额定风量/(m³/min)	主通风机额定风压/Pa	安装角度/(°)	制造商	电机型号	额定电压/kV	额定功率/kW	制造商	
1	FBCDZ-10-№36	8 700～21 840	1 080～4 680	37/20、40/23、43/23、46/26、49/29	山西安运风机有限公司	YBF800M1-10	10	2×900	南阳防爆集团股份有限公司	1号主通风机房
2	FBCDZ-10-№36	11 400～24 600	1 400～4 631	37/20、40/23、43/23、46/26、49/29		YBF800M1-10	10	2×900		2号主通风机房

（1）系统结构

主通风机在线监控系统可分为在线监测系统和远程控制系统两个部分，如图 4-67 所示。主通风机在线监控系统共分为设备层、控制层和监控层三层。

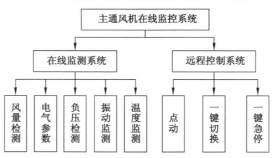

图 4-67　主通风机在线监控系统组成

设备层即现场测量层，主要实现通风机变量参数的测量和对通风机的控制，由各种传感器、电力监测模块等组成，完成对设备运行的自动控制和监控设备本身的运行工况参数的采集。

控制层由带有以太网接口的 PLC 组成，PLC 作为总站，通过以太网交换机与上层监控管理层的工控机联网，向工控机传送通风机系统的运行状态（运行、停止、正转、反转等），同时接收工控机的控制命令，采集通风机系统的工况参数（如风压、风量、通风机轴承温度、电机定子绕组温度、电压、电流、功率因数、功率和开关状态等），其采集的数据经过转换后传给上层监控管理层的工控机。

监控层直接接入矿调度室，由上位工控机、不间断电源等设备组成，提供集中监控管理功能，监控系统可以实现主通风机远程控制、风机运行工况实时监测、故障报警与分析、数据统计分析、历史数据记录管理等操作。

主通风机在线监控画面如图 4-68 所示。

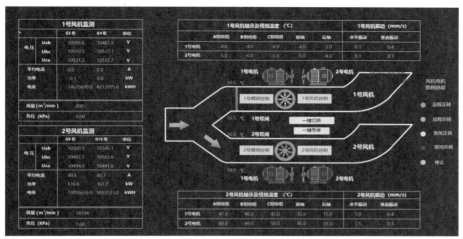

图 4-68　主通风机在线监控画面

（2）运行参数采集

① 电气参数的检测

电气参数是指主通风机运行时电机电流、电压、功率、功率因数、电量等参数。此类参数采用 PM3000 电力监控模块进行检测。

② 电机轴承和定子绕组温度检测

温度传感器选用 Pt100 铂电阻传感器采集电机绕组、轴端温度。

③ 开关量的检测

监控系统的输入开关量主要包括一些开关、继电器的动作信号，如主电机正反向合闸反馈、综合保护器故障报警、蝶阀的打开和关闭反馈等。输出开关量主要包括电机控制、蝶阀控制、设备故障跳闸、综合保护装置动作以及声光报警等。

④ 风量与负压检测

风道负压值采用中煤科工集团重庆研究院有限公司生产的负压传感器进行检测,经过转换模块接入 PLC 内,通过换算得出风量值。

⑤ 振动监测

通过安装高精度振动传感器,实现主通风机水平、垂直振动在线监测,与上位机进行实时通信,达到限值实时报警。同时记录振动数据,分析异常状况,为主通风机的维护与保养提供一定的决策依据。

⑥ 视频监测

通过在通风机周围及风机房高低压配电室安装 5 台高清摄像机,实时监测主通风机运行环境状况。

(3) 系统功能

主通风机在线监控系统具备以下功能:

① 远程控制

实现主通风机电机、蝶阀等设备单点远程控制。

② 一键切换

通过对主通风机切换一整套流程进行程序化控制,实现主通风机一键切换,节省了切机时间,又避免了由于切机误操作导致的事故。

③ 故障分析

对设备温度、振动等运行参数进行存储,分析历史曲线,为设备日常保养及检修提供决策依据。

④ 手机终端

开发"数字矿山 e 助理"手机 App,实现手机终端在线监控主通风机,方便检修人员随时观察设备运行状态。图 4-69 为主通风机在线监控系统手机终端画面。

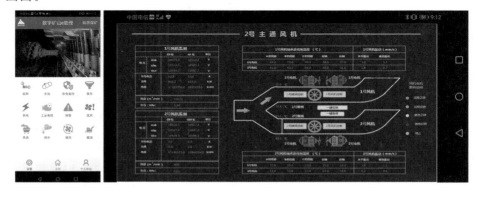

图 4-69　主通风机在线监控系统手机终端画面

主通风机风机监控系统,提高了煤矿主通风机的自动化水平,为主通风机实现全天候的实时监控提供了稳定可靠的管理平台。

2. 连掘工作面局部通风机远程控制

连掘工作面风机硐室通过对移动变电所、馈电开关进行改造,使其具备通信功能。如图4-70所示,对风机硐室内所有设备统一规划,采用标准Modbus通信协议将设备实时数据进行上传,实现远程控制的功能,如日常可进行远程切机、远程停送电等常规操作。发生突发情况,导致无计划停风时,也可进行应急操作,减少无计划停风的时间。图4-71为连掘工作面局部通风机远程监控画面。

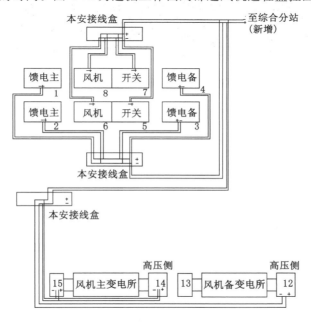

图4-70 连掘工作面风机硐室供电系统

3. 井下自动风门远程控制

在原有风门硬件设备的基础上,对风门控制开关保护器进行更换、改造,使其具备数据上传、远程控制功能,利用矿内工业环网,实现井下自动风门远程控制,如图4-72所示。

二、通风系统智能化发展方向

1. 智能反风

主通风机的反风运行是受严格控制的,当井下发生大的火灾时,在PLC控制下进行反风运行,并与火灾束管系统进行通信,及时获取火灾信息。

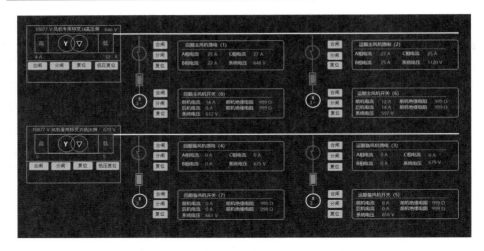

图 4-71   连掘工作面风局部通风机远程监控画面

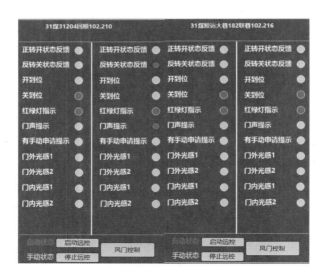

图 4-72   井下自动风门远程控制画面

2. 应急情况处理

紧急状态是指可能影响到风机正常运转,并有可能导致风机停机的状态。在自动模式下,若程序检测到风机停止运行或电压电流等出现过大的波动,则自动切换到另一台风机并发出紧急报警信号,提示维护人员进行紧急维护,同时,在上位机和触摸屏的组态界面上会给出预警信息。

第八节　变电所智能安防系统

随着数字化矿山的发展,煤炭企业都致力于提高煤矿的信息化和自动化水平,提高煤矿工人的工作效率。但在矿井变电所安全保障和信息化管理方面,还没有引起人们的重视。井下变电所、水泵房等重要场所,还未能实现先进的数字化的管理方式,依然采用普通的机械锁,存在着需要专人值守、进入手续烦琐、容易从外部破坏、不能实现井上监控等一系列问题,留有巨大的安全隐患,一旦非工作人员非法进入,对运行设备进行误操作,将造成无法弥补的损失。另外,井下变电所电气设备的缺陷检修或设备的常规检查等定性状态信息采用手工记录,常会出现记录不完整、容易丢失等情况,特别是一些严重缺陷未能及时上报和处理,从而可能导致严重事故,造成不必要的损失。

在煤矿供电系统中,由于电能输送、分配和使用的连续性,对系统中各设备单元的安全、可靠运行都有很高的要求。因此,提升变电所安防系统的信息化管理至关重要,实现矿井变电所的电气设备的自动巡检和门禁系统的智能管理,可以大大提高矿井的供电安全、设备的高效管理,这对煤矿的高产高效起到重要的作用。

一、变电所智能轨道巡检系统

锦界煤矿中央二号变电所内共有 85 台高压开关柜,主要负责矿井二、四盘区的通风、排水、生产供电。变电所内实现无人值守后,现场设备硬件有什么问题,或按钮实际位置状态,调度室不能远程准确查看,通知井下检修人员到现场查看既费时又费力。为解决上述问题,锦界煤矿在井下中央二号电所内设计安装了一套智能轨道巡检机器人,在地面调度室可远程操作监控摄像机,实时查看每台高压柜的现场显示状态及完好情况,同时该智能监控系统还具有当某台开关柜报警或故障时,监控摄像机会自动移动至该高压柜前方的功能,方便人员远程查看。

1. 系统组成及功能

该智能轨道巡检机器人具有自动巡检功能,通过简单设置,巡检机器人可在规定时间内完成对目标区域内设备的巡检。将智能轨道巡检机器人控制中心接入调度控制系统中,当高压柜进行分合闸操作时,智能轨道巡检机器人会自动移动到当前需要操作的高压柜处,可远程近距离的监督现场操作执行情况,如图 4-73 所示。调度室也可根据需求,手动远程调整巡检机器人的位置,视频视角 360°可调,并具有放大、缩小、调焦、调光、左行、右行、抓拍等功能。智能轨道巡检机器人由控制中心、电机驱动、轨道总成组成,通过挂载高清摄像机,实现视频采集、巡检功能,系统支持 TCP/IP 协议或 RS485 协议控制运行,设备具有在线远程遥控功能。

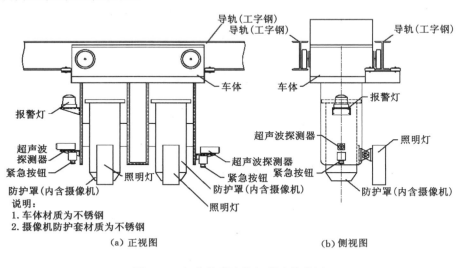

图 4-73　智能轨道巡检机器人结构图

（1）轨道监控系统架构

采用集中管理、分层控制的系统架构,分为监控中心端、管理服务器和变电所端三层,变电所端由摄像机、报警控制器、视频处理单元等信号采集设备组成,管理服务器对各变电所端的视频处理单元进行集中管控,为监控中心提供视频处理单元寻址功能,向视频处理单元转发监控中心的控制命令,并完成系统用户管理和记录日志等,监控中心由监控工作站和网上终端用户组成,如图 4-74所示。

（2）轨道巡航系统及视频服务器等硬件设施

轨道巡航系统包括轨道、可移动小车、固定架、控制自检系统、动力传感系统和网络摄像机。首先安装固定架,将轨道与滑触线平行安装在固定架上,将网络摄像机、动力传感系统、控制自检系统安装在可移动小车上,再将可移动小车安装在轨道上,通过胶带连接可移动小车,点位自检装置分别安装在轨道的两端并与动力传感系统电信号连接,可实现不定向巡航、控制自检、承载动力等功能。视频处理单元是变电所端的核心设备,应用专业品牌视频服务器,完成所内所有音视频信号及环境信息等控制器信息的解编码、转换处理、存储和上

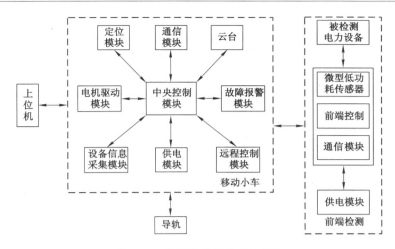

图 4-74　智能轨道巡检系统架构

传等功能。

（3）智能巡检系统与自动化系统的联动

利用系统高度模块化、信息化特点，实现与变电所内综合自动化系统的联动，当变电所内某台配电柜发生继电保护动作、断路器或隔离开关变位等事件时，系统主机发送控制命令至移动小车及摄像机，移动小车根据控制命令迅速移动至轨道的指定位置，并进行视频信号采集、传输与存储，从而实现对电气设备的实时监控。

2. 系统应用情况

通过应用变电所智能轨道巡检系统，有效解决了无人值守变电所内设备多、高压设备对巡检人员存在安全隐患，以及时间较长后巡检人员可能存在惰性而导致巡检工作疏忽等问题，并实现与自动化系统的联动，确保及时发现设备异常并报警，提高了调度人员对数字化变电所的遥视监控能力，缩短了变电设备故障的发现时间与缺陷排除的时间，进一步确保了电网安全稳定运行。目前该智能轨道巡检机器人在锦界煤矿中央二号变电所内运行正常，在运行过程中可将设备运行情况和保护器显示的故障原因实时上传至智能控制中心，为地面操作人员远程快速处理故障提供了依据。同时在员工停送电操作时，可远程近距离的监督现场操作情况，发现问题并及时纠正，确保员工规范操作，如图 4-75所示。

二、无人值守变电所门禁管理系统

门禁控制系统作为一种出入口监控管理系统可以实时监控各通道的情况，

图 4-75　轨道摄像仪使用效果图

实现对各通道的人员进出管理,限制未授权的人员进入特定区域。井下无人值守变电所门禁管理系统采用全新的设计思路,在门体设计方面,改变了传统的矿用门的样式,使门体结构更加结实,外观更加漂亮,在防火、通风、防尘方面效果更加显著;在门禁系统方面,采用类似楼宇小区的门禁系统设计,刷卡开门,延时一段时间后自动闭锁,还可远程遥控开门。为保证系统的安全性,读卡器、开门按钮、电磁锁等配件全部集成在矿用门上,电气线缆都在门体内部,使变电所门整体结构整洁美观,还可以防止变电所从外部进行破坏。

1. 系统组成

智能门禁系统由矿用本安型浇封电源为门禁控制分站提供本安电源,电磁锁、开门按钮和读卡器全部集成在新型矿用门上,由门禁控制分站控制,如图 4-76 所示。门禁控制分站的数据通过井下交换机接入井下工业环网,最终上传到调度室的上位机中,通过智能门禁系统管理软件可实现对井下门禁系统的远程控制、数据采集和实时显示。

2. 系统通信

智能门禁系统通信示意图如图 4-77 所示,门禁控制分站分别为读卡器、电磁锁供电,并与读卡器、按钮开关和电磁锁之间进行数据通信。门禁控制分站读取读卡器的刷卡信息并存储,当刷卡时,门禁控制分站控制矿用门开启。电磁锁为门禁控制分站提供门状态信号,门禁控制分站通过门状态信号判断门的开、闭状态。按钮开关为门禁控制分站提供开关量信号,按下按钮时,门禁控制分站控制矿用门打开。

门禁控制分站与环网交换机通信采用 TCP/IP 通信或者 485 通信方式。当门禁控制分站距离环网交换机较近时采用 TCP/IP 通信方式,门禁控制分站通

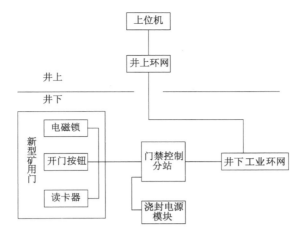

图 4-76　智能门禁系统示意图

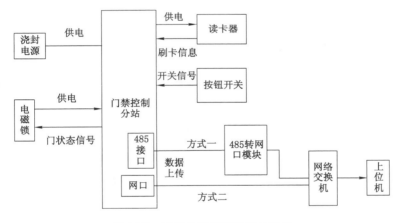

图 4-77　智能门禁系统通信示意图

过网线接入网络交换机实现数据上传；当通信距离远时，采用 485 通信方式，末端通过 485 转网口模块转成网线接入网络交换机实现数据上传。门禁系统也可单机使用，即不需要联网就可以实现本地刷卡开门，实现本地控制，并可以记录 24 万条刷卡记录，当数据超出后，新数据将自动覆盖旧数据。

以上通信电路针对煤矿井下的工作环境，均采用了抗干扰电路设计，可有效降低煤矿井下环境对通信传输的影响，保证传输的距离。

3. 系统工作原理

工作人员在门外刷卡，读卡器用来读取工作人员的智能卡信息，再转换成电信号发送到门禁控制分站中，分站根据接收到的卡号，通过程序判断该持卡人是否有授权在此时间段进入门内,若刷卡的工作人员有权限进入,门禁控制分站控制电磁锁开启,工作人员可进入门内,门扇关闭若干秒后(可设置),门禁控制分站控制电磁锁自动吸合,锁紧矿用门。若工作人员无权限进入,则刷卡无效,读卡器报警,以示门卡无效。工作人员在门内时,按下出门按钮即可,门禁控制器控制电磁锁开启,工作人员可直接出门,若干秒后,门禁控制分站控制电磁锁自动吸合。

对于联网型门禁系统,即实现门禁控制分站与上位机通信,上位机可下发控制命令控制分站开启被控门,实现远程控制。上位机也可向门禁控制分站下发刷卡人授权信息设置刷卡人权限。门禁控制分站可以将采集到的刷卡信息、门的开闭状态信息、按钮开关信息等数据传到上位机,在上位机软件中可实时显示和查询这些历史信息,从而实现对井下门禁系统的实时监控。单个控制分站就可以组成一个简单的门禁系统,用来管理一个或两个门。多个控制分站通过通信网络同计算机连接起来就组成了整个矿山企业的门禁管理系统,如图 4-78所示。

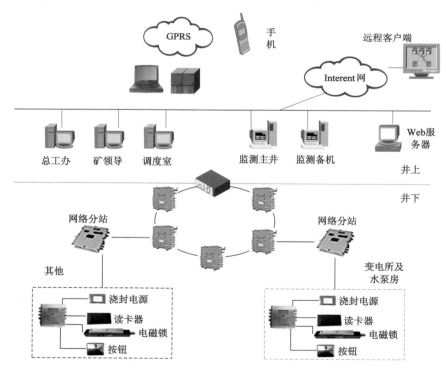

图 4-78　智能门禁管理系统结构图

4. 系统结构形式

煤矿井下一卡通门禁系统采用新型矿用门设计,在防尘、防火等方面做了特殊的设计,并且将读卡器和电磁锁等配件全部镶嵌在门扇上,走线也全部在门扇和门框内,在变电所外面完全看不到接线,不仅结实美观,更增加了矿用门的安全性。新型矿用门的门框和门扇摒弃了传统的角钢结构,骨架采用钢管的形式,相比之下,新型矿用门结构更加结实,样式更为美观,如图 4-79 所示。小门扇与大门扇之间设有石棉密封条,耐高温,关闭后密封严实,防火、防尘俱佳。

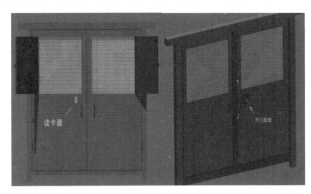

图 4-79　读卡器和开门按钮效果图

读卡器和按钮开关安装在左侧门扇上,读卡器安装在门的外侧,按钮开关安装在门的内侧,在门外刷卡开门,在门内按按钮开门。

电磁锁由锁体和衔铁两部分组成,电磁锁锁体嵌在门扇的压条内,衔铁嵌在右侧门扇边缘,当电磁锁锁体通电时产生吸力,当门扇关闭时,锁体吸合衔铁,形成门的闭锁。

小门扇为通风窗,门扇内侧为通风钢网,钢网采用两层设计,中间夹有防尘棉,可有效防止外部灰尘进入变电所内部,保持了变电所的干净整洁。钢网上侧采用压片设计,松开压片后可将防尘棉取出进行更换和清洗。门框底侧固定在下侧的防水石门槛上,底侧门框与两侧门框连接并采用可拆卸设计,当变电所需要进大型设备而要破坏防水石门槛时,底侧门框可拆下,从而不破坏门的结构。

门禁系统走线示意图如图 4-80 所示,在门扇内侧读卡器、按钮开关和电磁锁旁边内嵌入接线盒,方便接线和检修,引线从接线盒出来,从门扇的方管内引至门框上方,后引入室内。室内也设有接线盒,方便与控制分站接线与检修。在变电所外侧看不到任何接线,此种设计可以防止蓄意破坏,保证变电所的

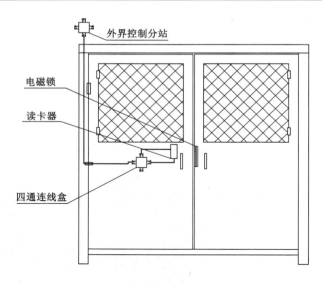

图 4-80　门禁系统走线示意图

安全。

5. 门禁一卡通技术实现

一卡通系统最根本的需求是"信息共享、集中控制"，因此一卡通系统的设计不应是各单个功能的简单组合，而应是从统一网络平台、统一数据库、统一的身份认证体系、数据传输安全、各类管理系统接口、异常处理等总体设计思路的技术实现考虑，使各门禁读卡终端设备综合性能的智能化达到最佳系统设计。

门禁软件采用"服务器＋工作站"的模块化技术，这种结构便于不同的职能部门根据权限来进行独立管理，避免权限交叉而出现管理混乱。如服务器数据工作站用于数据处理，维护工作站用于系统维护，巡更工作站用于保安管理，访客工作站用于访客的管理。另外，本系统还设计了专业的 OPC 接口，通过这个接口可以方便地将门禁系统集成到其他自控系统。

三、总结

锦界煤矿在数字化矿山项目整体推进的过程中，适时提出井下无人值守变电所智能轨道巡检系统和智能门禁管理系统的设计和实施，无疑是对数字化矿山关键技术研究与示范项目的有效补充。变电所智能安防系统的实施为井下变电所的标准化管理、安全运行提供了保障，将矿井变电所自动化、信息化深度融合，大大提升了整个矿井的安全管理水平。

第九节　应急救援管理

一、应急管理机制

应急管理机制是应急预案、应急管理体制(侧重应急管理组织体系)和应急管理法制的具体化、动态化、规范化。应急管理机制主要有九个类型,即预防与应急准备机制、监测与预警机制、信息传递机制、应急决策与处置机制、信息发布与舆论引导机制、社会动员机制、善后恢复与重建机制、调查评估机制、应急保障机制,如图4-81所示。其中,与应急救援信息流动有关的是监测与预警机制(预警信息和现场采集信息)、信息传递机制、应急决策与处置机制(决策信息和执行信息)、信息发布与舆论引导机制。

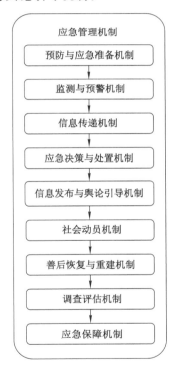

图 4-81　应急管理机制主要类型

从内涵看,应急管理机制是政府应急管理工作流程;从外在形式看,应急管理机制体现了政府应急管理的各项具体职能;从功能作用看,应急管理机制侧重于突发事件防范、处置和善后处理的整个过程,具有时间维特征。

二、应急管理机制响应因素分析

我国安全生产应急救援体系运行机制对突发事件应急响应的程序变得越来越明晰,突发事件的应急响应包括接警、响应级别判断、报警、应急启动、救援行动展开、扩大应急、应急恢复和应急结束等一系列过程。安全生产应急救援体系运行机制影响因素包括时间因素、制度因素和管理因素。

(1)时间因素包括预防、准备、响应和善后;

(2)制度因素包括"一案三制"中的预案体系、法制、体制,安全生产应急救援运行机制的管理机制和管理制度;

(3)管理因素包括企业级、县级、市级、省级和国家级的行政层级管理。

同时按生产安全事故的预期损失程度、影响范围、事态发展和事件性质四个基本要素分级,可将我国事故应急救援体系响应级别分为Ⅰ级(企业级)、Ⅱ级(县、市/社区级)、Ⅲ级(地区/市级)、Ⅳ级(省级)和Ⅴ级(国家级)五个级别。

三、矿山应急救援流程

当矿山发生灾变事故时,企业以自救为主。企业救护队和医院在进行救助的同时,上报上一级矿山救援指挥中心(部门)及政府;救援能力不足以有效抢险救灾时,立即向上级矿山救援指挥中心提出救援要求;各级救援指挥中心对得到的事故报告要迅速向上一级汇报,并根据事故的大小、难易程度等决定是否调用重点矿山救护队或区域矿山救护基地以及矿山医疗救护中心实施应急救援。省内发生重特大矿山事故时,省内区域矿山救援基地和重点矿山救护队的调动由省级矿山救援指挥中心负责。国家安全生产应急救援中心负责调动区域矿山救援队伍进行跨省区应急救援。救援流程示意见图 4-82。

四、煤矿应急救援平台

煤矿安全生产应急救援平台的基础是矿山的数字化、信息化和安全生产监测监控。应急救援平台具有全面的互联互通、动态的监测管理、集成的协同联动、高度的资源共享和统一的调度指挥等特点,以实现对安全生产事故和突发事件的预防、准备、响应和恢复全过程管理的目标。

应急救援平台的结构模式示意图见图 4-83,该平台有监测预警、预警处理、响应查询、决策支持四个功能。应急救援平台集成了环境信息(瓦斯监测、束管监测、水文监测、通风系统等)、设备状态信息(带式输送机、水泵、风机、运输子系统)、人员信息(人员定位、井下考勤、点检系统等)和视频与音频多媒体信息,为监测预警提供统一的数据来源;应急救援平台通过集成不同地点和不同系统的数据,实现应急预案联动控制与响应;应急救援平台自动监测系统状态,快速

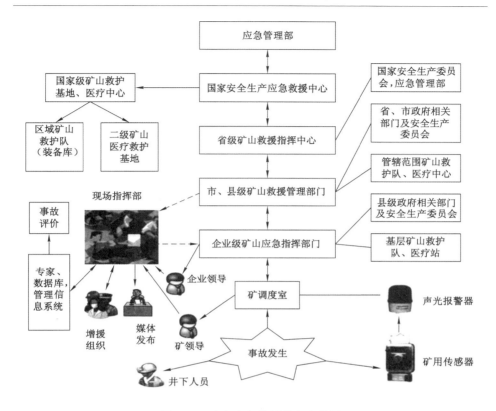

图 4-82　矿山应急救援基本流程图

准确地定位事故地点和事故地点相关系统的状态,并以图表和报表等方式呈现出来;系统捕获到各种预警信息后,视频信息自动投影到大屏,同时以语音提示的形式提醒值班人员,为人员决策提供支持。

五、锦界煤矿应急救援管理

1.应急救援管理模块

为了规范应急管理工作,提高突发事件应对能力,确保及时、有序、有效地实施事故应急处置,最大限度地减少人员伤亡和财产损失,锦界煤矿在生产执行层中设置了应急管理模块(图 4-84),该模块涵盖了应急演练、应急物资管理、日常管理、综合查询、资料管理和会议管理六个内容,实现了应急救援在线管理功能。

2.应急广播通讯系统

锦界煤矿井下已经完成了“一网一站”的建设,一网是井下的万兆环网,一站是综合分站。综合分站包含了井下 3G 无线通信系统、人员定位系统、车辆定

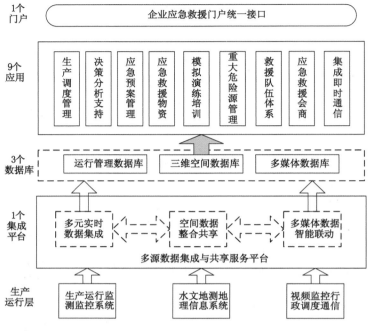

图 4-83 应急救援平台的结构模式示意图

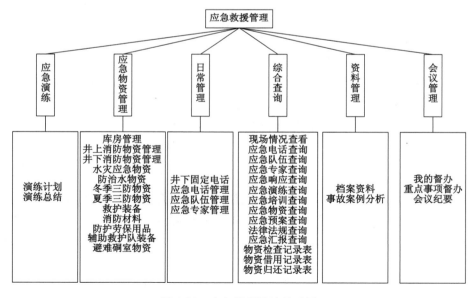

图 4-84 应急管理模块示意图

位系统、工业电视系统、语音广播系统、调度指挥系统、工业自动化系统和安全监控系统。

语音广播系统覆盖了井下所有区域,可以双向对话,井下出现灾害时可保持正常工作状态,是紧急情况时必要的信息沟通渠道,为调度人员科学有效地指挥提供支持。语音广播系统受众面大,可以被动接听,是灾害应急指挥最好的通信手段。在紧急时刻,调度可以通过应急语音广播通讯系统指挥人员撤离,井下人员在撤离过程中可不间断收听调度指令,及时掌握撤离路线,最大限度地减少人员伤亡。

3. 人员定位系统

人员定位系统除了人员定位、轨迹查询外,还有紧急求救和群呼功能。人员定位系统功能如图 4-85 所示。

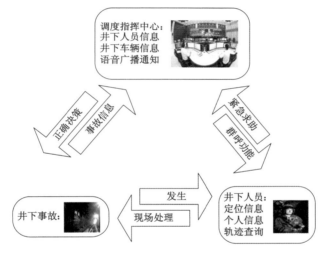

图 4-85　人员定位系统功能示意图

人员定位系统有紧急求救功能,井下工作人员在紧急情况下可以准确及时地向地面调度工作人员发出求救信号,应急救援平台将自动监测求救信息,以语音提示和终端显示平台自动显示的形式提醒值班人员。求救信号包括了事故地点信息、个人信息、事故地点不同系统信息等。地面调度室工作人员可以及时掌握被困人员信息及事故地点,方便施救过程的指挥与决策。当生产综合监控系统监测到井下某工作区域出现灾害征兆且经过现场确认时,地面调度人员可使用群呼功能通知井下指定区域或全矿井人员及时撤离。

第十节　智能辅助运输管理

矿井车辆管理是煤炭安全生产体系的重要组成部分,对煤炭企业而言,车辆是实现生产的基础装备。加强车辆管理工作,降低辅助运输成本,是煤炭企业实现精益管理、降本增效的重要基础。

一、辅助运输系统概况

锦界煤矿辅助运输系统采用无轨胶轮车运输方式,可实现井下全区域运输,矿井共有无轨胶轮车 150 辆,车型及数量见表 4-15。

表 4-15　锦界煤矿车型及数量表

序号	车辆性能	生产厂家	车型	型号	数量/辆
1			防爆生产指挥车	WqC2J(A)	3
2			防爆皮卡指挥车	WC9R	12
3			防爆运人车(30座)	WrC30/2J	5
4			防爆运人车(20座)	WrC20/2J(A)	2
5		煤炭科学院总院	防爆运人车(10座)	WC3J(B)	9
6		太原分院	双排材料车	WC3J	4
7			单排材料车	WQC3J(A)	12
8			5 t 自卸车	WC5	1
9			防爆洒水车	WC3J(C)	3
10			支架搬运车	WC25E	2
11			车辆总计		53
12	防爆车		运管车	WC5E	10
13			8 t 平推自卸车	WC8E	4
14			10 t 平推自卸车	WC10E(A)	27
15			5 t 工程自卸车	WC5E	7
16		常州科研试制	30 装载机	FBZL30	16
17		中心有限公司	16 装载机	FBZL16	5
18			16 装载机(侧驾)	ZL16EFB	6
19			吸污车	WC5XE	2
20			车辆总计		77
21		莱州亚通混凝土搅拌车		JC5(A)	12
22		澳大利亚多功能叉车		ED10	1
23		南昌凯马有限公司铲运机		AC-1E1	3
24		深圳德塔电动汽车公司		WLR-20	4
25		其他防爆车总计			20
26		防爆车总台数			150

锦界煤矿车辆辅助运输体系庞大且复杂,传统的分散管理方式很难掌控车辆运行的详细资料,难以评价车辆使用效率,用车单位考核效率低。

锦界煤矿通过信息化手段建立了车辆智能管理系统,该系统运行高效、管理有序、管控智能、安全可靠,实现了辅助运输系统良性循环和车辆综合调度的在线智能监控以及车辆辅助运输的科学管理,为矿井安全生产提供了坚强保障。

二、车辆智能管理系统结构

1. 系统概述

车辆智能管理系统以锦界煤矿现有精确定位系统、无线通信及调度系统为基础,通过研发及应用新的车载终端,使待管车辆均具备精确定位及无线通信功能,将系统功能嵌入现有管理平台中,实现车辆信息、用车需求、费用核算、车辆定位、车辆调度、出车效率分析等功能,如图 4-86 所示。

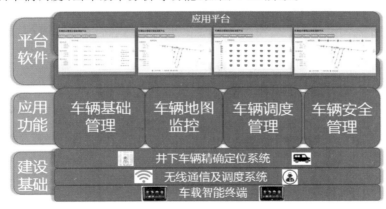

图 4-86　车辆智能管理系统结构

2. 硬件组成

车辆管理系统主要由车载终端、综合分站(定位＋通信)、定位服务器及主机、通信核心网设备和调度设备等组成。

车载终端采用 5.5 英寸液晶触摸显示屏,提供良好的人机界面,便于查看和操作,集成 Android 操作系统、4G 全网通、ZigBee 精确定位功能于一体,可与原有定位及通信系统无缝结合,当车辆行驶时车载供电,也为电池充电。当车辆熄火时由电池供电,实现井下精确定位、3G 语音通信、信息接收、语音播报等功能,如图 4-87 所示。

车辆管理服务器分为管理服务器和 SIP 服务器。管理服务器用于存储及分

图 4-87 车载终端

析车辆的基础信息、定位、监测等数据；SIP 服务器用于与原无线通信系统的对接，从而实现车辆调度功能。监控主机可以增加、修改、删除、定位车辆信息，显示实时监测数据以及实现车辆调度，并提供良好人机交互界面，如图 4-88 所示。

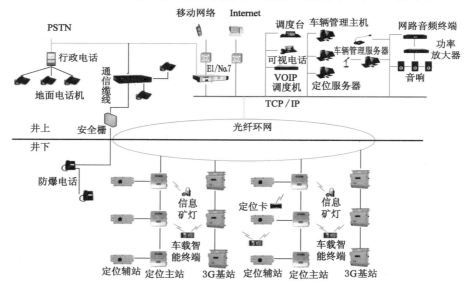

图 4-88 车辆智能管理系统硬件组成结构

3. 车辆智能管理系统功能

（1）车辆基础管理

车辆基础管理包括车辆基础信息、车辆运行状态信息和车辆运行信息。

（2）用车管理

用车管理系统具有完善的车辆使用审批流程，实现在线申报、在线审批、派车计划自动生成、车辆出入井考勤、车辆井下时长统计、费用生成、效率分析报表等，如图4-89所示。

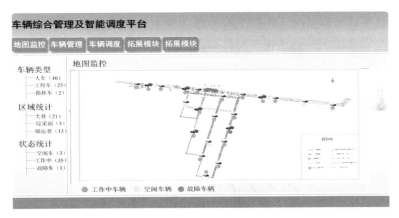

图4-89　车辆用车信息

（3）定位管理系统

系统具有车辆定位功能，包含实时定位、轨迹跟踪及轨迹回放、车辆信息显示、车辆出入井统计、车辆车速报警、车辆超时报警和车辆状态监测，如图4-90所示。

图4-90　车辆定位信息

（4）调度管理功能

调度管理包括用车统计、可用车辆统计、派车计划生成、车辆语音通信和车辆调度功能。

（5）费用核算系统

费用核算系统可根据用户设置，按里程或台班方式进行核算。

（6）异常信息报警

结合车辆定位数据，对当天生成的数据报表进行智能分析，如发现井下实际行驶里程、井下在线时长、井下停车时长、车辆未达到规定行驶趟数等异常，系统自动推送至管理部门核实。

辅助运输车辆智能管理系统的价值在于深入矿山生产环节，对矿井车辆实时位置、车辆实时状态（如空闲）、需求地点进行智能调度，优化了用车流程，也将信息管理、定位、调度集成在一个平台上统一管理，车辆分布、车辆定位、轨迹、速度、状态等一目了然，极大提升了车辆管理效率及生产运行效率。

第十一节　新工艺与新技术

一、定向水力压裂顶板控顶技术在锦界煤矿应用

煤矿安全生产中，针对难垮顶板常采用爆破的方法控制顶板的初次垮落，然而，采用爆破方法进行初次强制控顶，主要存在以下不足：药量较大，炮眼较长，装药困难且存在一定的安全隐患；爆破产生大量的 CO 等有毒有害气体，严重污染井下空气，威胁工人生命安全；同时需要采取防止瓦斯或煤尘爆炸的措施；大药量爆破振动易对工作面支架和地面及周边环境安全构成一定威胁。因此，爆破控顶已经无法满足煤矿安全、高效生产的需求。

水力压裂作为一项经济有效的应用于坚硬、难垮顶板的控制技术，可有效避免爆破控顶的不足。国内外传统水力压裂钻孔采用垂直顶板布置方式，此方式可能导致切眼在安装之前离层垮落，压裂钻孔长度与锚索锚固深度接近，压裂过程中高压水与锚索孔串通，极易导致压裂失败。而且，封孔方式采用端头一次性封孔，水压力沿弱面卸压及压力急剧衰减，难以有效压裂。基于以上缺点和不足，对传统水力压裂技术进行升级改进，采用定向水力压裂顶板控顶技术，此技术安全性高、技术工艺简单。

综合神东矿区工作面顶板条件，率先在锦界煤矿引进该项技术。锦界矿区综采工作面岩层具有顶板强度低、整体性和完整性好、厚度大的特点。水力压裂初次放顶技术是在工作面设备安装之前，对煤壁前方顶板进行水力预裂，在顶板岩层中形成多条裂缝，从而破坏顶板的完整性和整体强度，保证回采时顶

板及时垮落。截至 2019 年,该技术已经在 31405、31114 等 11 个采煤工作面成功应用,取得良好安全环保效益。综合 31111 工作面初放矿压显现规律、水力压裂初次放顶垮落特点和支架阻力变化规律,阐述综采工作面水力压裂初采期间矿压显现规律。

1. 工作面概况

锦界煤矿 31111 工作面位于 3⁻¹ 煤层,煤层倾角为 1°,结构简单,相对稳定,平均厚度 3.27 m,采高 3.2 m,工作面倾向长度 243 m,工作面井下四邻关系见图 4-91。

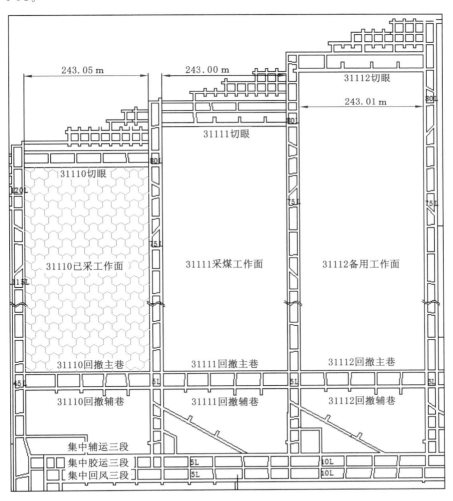

图 4-91　31111 工作面布置图

2. 爆破初放矿压特点

31111 工作面西侧为 31110 工作面,该工作面采用传统爆破强制放顶措施。31110 工作面初次垮落特点为切眼范围的直接顶经爆破一次全部垮落,随着工作面推进前方直接顶逐步垮落,工作面推进约 61 m 时,基本顶断裂,工作面初次来压强烈,顶板垮落过程中产生飓风和冲击现象。

3. 水力压裂初采矿压显现特点

(1) 水力压裂实施方案

水力压裂是在顶板岩层施工钻孔、压裂段横向切槽,然后对切槽段封孔并注入高压水进行压裂(图 4-92),从而破坏顶板岩层的完整性、削弱顶板岩层的强度和整体性的一种方法。具体措施为:高压泵往钻孔封隔段注入高压水,当水压达到一定值时,裂纹在横向切槽端部起裂并扩展,通过水力压裂数据采集仪实时监控注水压裂过程,显示、记录和分析压裂过程和结果。

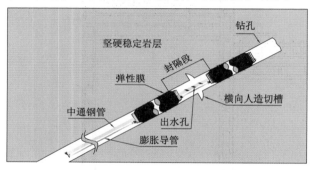

图 4-92 封孔压裂示意图

根据 31111 切眼顶板岩层及含水层位情况设计水力压裂方案,具体压裂钻孔布置参数如图 4-93 所示。各钻孔参数为:压裂钻孔 S,长度为 28 m,倾角为 40°;压裂钻孔 L,长度为 24 m,倾角为 30°;压裂钻孔 B,长度为 47 m,倾角为 19°;压裂钻孔 A,长度为 42 m,倾角为 19°。

工作面安装之前,对设计的 L 类钻孔和 S 类钻孔进行压裂作业,每个钻孔从距孔口最远位置开始压裂,每 2 m 压裂一次,每次压裂不少于 30 min。为保证直接顶为完整岩层,利于回采过程的顶板管理,煤层上方 2 m 范围内岩层不进行压裂。工作面安装后,对 A 类钻孔和 B 类钻孔进行压裂作业,保证切眼开始回采后两端头顶板能够及时垮落。开始压裂时,高压水流量和压力快速上升至一定值后在某一范围内小幅波动或水压突然有所下降,继而进入保压阶段,此时封孔段出现裂缝,裂缝随着时间的延长不断扩展。压裂过程中采用水压压裂数据采集仪实时监控压裂过程并记录流量和压力变化曲线。

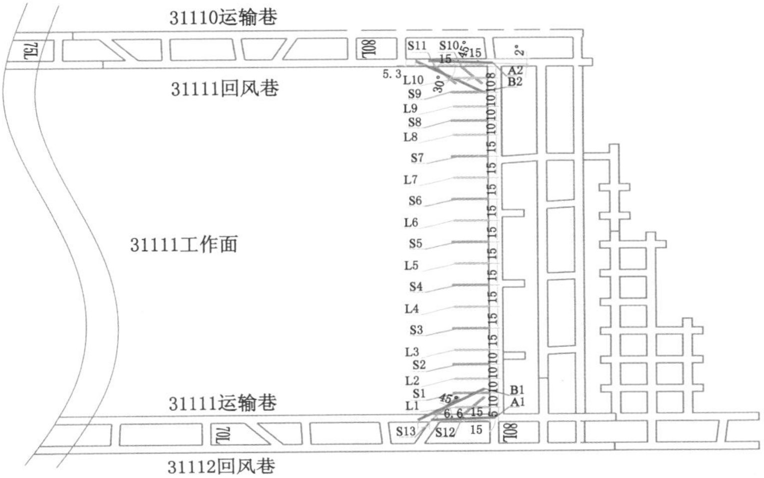

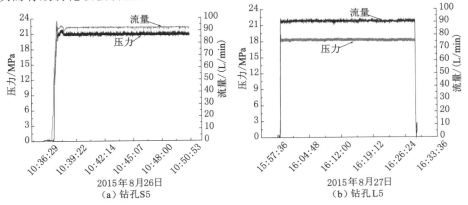

图 4-93　31111 工作面压裂钻孔布置参数

图 4-94 为钻孔 S5 距孔口 27 m 处和钻孔 L5 距孔口 13 m 处的流量和压力随时间变化图。在裂缝扩展过程中，压力小幅波动，裂缝基本以恒定压力向前扩展，说明 31111 切眼顶板岩层原始裂隙不发育，岩层较为完整，裂缝可以实现大范围扩展。通过顶板锚杆、锚索和临近钻孔出水情况，判断水力压裂裂缝扩展范围。在压裂钻孔 S1 过程中，在钻孔 S3 中观察到有水流出，说明裂缝的扩展范围可达 45 m；钻孔 L5 距离孔口 13 m 处压裂至 16:29 时压力突然下降，压裂缝与顶板锚索钻孔导通，说明分段逐次压裂可在顶板岩层中产生多条裂缝，从而有效弱化顶板岩层。

(a) 钻孔S5　　(b) 钻孔L5

图 4-94　钻孔压裂压力和流量随时间的变化

（2）顶板垮落过程及效果

31111工作面回采机头推进48 m，机尾推进51 m时基本顶断裂，在工作面推进过程中，未见较大应力波动出现。采空区垮落较为温和，从初采至初次来压过程中顶板分层分次分段垮落，未产生一次大面积垮落现象，未见工作面煤壁片帮及巷道顶板发生裂隙等现象。具体垮落过程见表4-16。

表4-16　31111工作面水力压裂顶板垮落情况表

推进度	机头三角区	机尾三角区	工作面中部
0 m	未垮落	未垮落	未垮落
…	…	…	
10.3 m	未垮落	未垮落	$52^\#$～$62^\#$支架垮落厚度0.2 m，$63^\#$～$89^\#$支架垮落厚度0.6 m，$96^\#$～$102^\#$支架垮落0.6 m
12.1 m	未垮落	未垮落	$48^\#$～$62^\#$支架垮落厚度0.2 m，$63^\#$～$120^\#$支架直接顶全部垮落
13.8 m	未垮落	未垮落	$10^\#$～$15^\#$、$29^\#$～$33^\#$支架垮落0.6 m，$63^\#$～$120^\#$支架直接顶全部垮落
14.6 m	$1^\#$～$4^\#$支架未垮落	$141^\#$～$143^\#$支架未垮落	其余全部垮落
22 m	$1^\#$～$4^\#$支架未垮落	全部垮落	全部垮落
38 m	全部垮落	全部垮落	全部垮落
49 m	机尾推至51 m，机头推至48 m时基本顶初次来压		

（3）液压支架工作阻力分析

31111工作面共计安装143台郑州煤炭工业（集团）有限责任公司生产的ZY12000/20/40D型液压支架，利用矿压监测系统对31110工作面强制爆破初次放顶和31111工作面水力压裂初次放顶支架工作阻力进行观测，在初采期间记录矿压数据绘制$70^\#$支架工作阻力曲线图，如图4-95所示。

由图4-95（a）可知，初采期间工作面推至36 m时支架工作阻力存在小幅增大现象，但观察地表无裂隙，判断为次关键层断裂；当工作面推进到59 m时工作面支架阻力明显增大，工作面煤壁出现片帮现象，同时地表出现裂隙，表明主关键层断裂，31110工作面初次来压。初次来压步距较理论值减小26 m，来压动载系数平均为1.75。由图4-95（b）可知，31111工作面水力压裂放顶初次来压步距为49 m，与强制放顶初次来压步距相比减小10 m。初次来压前没有形成阻力小幅增大现象，表明3号岩层在煤壁前方部位的完整性被有效破坏；初次来

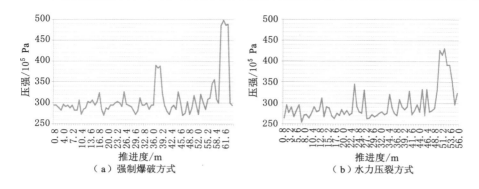

图 4-95　采用强制爆破和水力压裂方式下的初次放顶矿压曲线图

压动载系数平均为 1.51，较强制放顶动载系数明显较小，可有效预防工作面普遍出现的台阶下沉、支架压毁、矿压显现剧烈等现象。

4. 应用效果分析

（1）该技术具有横向切槽功能，切槽尖端能够形成有效拉应力集中，有利于裂纹发育；采用跨式膨胀型封孔系统，可实现单孔多次后退式压裂，使顶板分层、分次逐步垮落；采用钻孔窥视和水压流量监测，可实时掌握压裂效果。

（2）通过 31111 工作面水力压裂实验效果分析，并与 31110 工作面强制放顶相比，初次来压步距明显减小，消除了初采期间顶板大面积一次垮落给工作面造成的危害。

（3）31111 工作面顶板经水力压裂处理后，降低了初采期间工作面支架来压动载系数，有效缓解初次来压对支架造成的冲击载荷。

（4）水力压裂初次放顶技术经过近几年的成功应用，目前已经完全取代了深孔爆破放顶技术，为矿井全面取缔火工品提供技术保证，提升了矿井的安全管理水平。

（5）按照锦界煤矿每年 3 次工作面安装计算，每次搬家倒面水力压裂较强制爆破节约 3.9 万元，每次搬家倒面可减少影响生产时间 80 h，每年可节约费用 20 余万元，技术经济效益非常显著。

二、水文在线监测系统的应用

煤矿水害治理一直是煤矿安全管理的重点内容。为了预防水害发生，对开采层位地下水位的长期观测是目前煤矿普遍采用的手段之一。以前大多采用人工观测地面水文观测孔数据的方式对地下水位进行监测，对于井田面积较大的矿井来说，无法全面、实时掌握水文参数变化，难以满足安全生产要求。

1. 锦界煤矿水文地质概况

锦界煤矿位于陕北侏罗纪煤田榆神矿区二期规划区范围内,井田面积为141.78 km²,水文地质类型划分为极复杂型矿井。矿井开采初期,涌水量随着产量增加逐渐增大,最大时达 5 499 m³/h,随后缓慢下降,逐渐趋于稳定,最低3 200 m³/h 左右。随着三盘区(新盘区)和四盘区北部区域的生产,目前水量又逐步增加至 4 300 m³/h 左右,且仍有上升趋势。

(1)地质地貌特征

井田大部被第四系风积沙覆盖,为典型的风成沙丘及风沙滩地地貌,以半固定沙及固定沙为主,植被覆盖较好,地势平坦开阔,有利于降水入渗补给地下水。东南部为黄土冲蚀地貌,梁顶较平缓,沟谷受水力冲蚀较深,一般为 10~40 m。基岩仅在青草界沟、河则沟一带零星出露。目前开采的 31 煤层较稳定,倾角为 1°~2°,其覆盖层厚度为 90~120 m,基岩厚度小于 60 m,主要特征概括为浅埋深、薄基岩、厚松散覆盖层,为典型的浅埋煤层。

井田内地表水系主要包括青草界沟、河则沟。根据近年来的观测结果可知,青草界沟流量在 330~650 m³/h,河则沟流量为 151~480 m³/h。在薄基岩段,采空区塌陷裂缝可能会将地表水体与井下连通,使其成为直接充水水源。

(2)含水层水文地质特征

按地下水赋存条件、水力联系及含(隔)水层的纵向分布特征,依次将含水层划分为第四系河谷冲积层潜水含水层、第四系上更新统萨拉乌苏组松散层孔隙潜水含水层;第四系上更新统萨拉乌苏组松散层和风化基岩孔隙裂隙潜水含水层、风化基岩裂隙承压含水层、烧变岩含水层及延安组承压含水层。煤层顶底板为延安组孔隙裂隙承压极弱含水层。

矿井主要含水层包括:第四系上更新统萨拉乌苏组潜水,主要分布于青草界沟以北,青草界沟以南,呈条带状和零星片状分布,厚度为 10~30 m,单位涌水量为 0.067 0~0.387 5 L/(s·m),渗透系数为 0.813~1.089 m/d,富水性中等;中侏罗统直罗组风化基岩孔隙裂隙潜水-承压含水层,除青草界沟外,基本全区分布,厚度变化较大,为 20~40 m,单位涌水量为 0.040 2~0.666 0 L/(s·m),渗透系数为0.142~0.882 m/d,富水性属于弱富水~中等富水。

井田内的主要隔水层包括第四系中更新统离石组黄土与新近系红土隔水层,以及中侏罗统延安组正常基岩隔水层。土层隔水层有 10 块缺失区,主要分布在青草界沟和河则沟的古冲沟附近,约占整个井田面积的 8%。大部分地段的土层厚度在 10 m 以上。正常基岩隔水层基本全井田分布。

2. 水文观测情况

2012年以前全部依靠人力采集并整理水文观测孔数据,由于井田面积较大,大部分区域无法行车,测量周期长,无法实现全矿区水文数据的实时、准确采集。为此,锦界煤矿建成水文在线监测系统,该系统通过传感器自动采集水文数据,采用现代通信技术传输,利用微机处理分析数据,实现矿井地下水水位、压力、温度等数据的采集、传输、计算、存储、共享、预警等功能,可及时反映矿井水文条件的动态变化,为矿井水害防治提供决策依据。

水文在线监测系统由投入式液位和温度一体传感器、分站仪、数据收发器、上位机等构成,如图4-96所示。其在水文观测孔内的安装方式如图4-97所示。分站仪采集各类传感器的输出信号,经计算后以 GSM 短信方式发送至上位机服务器,由其完成数据存储、分析和发布。系统通过对水文观测孔某一含水层水文参数(水位、温度)的长期观测,判断该区域水文地质条件变化情况。

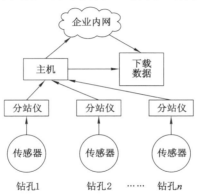

图4-96　水文在线监测系统组成

3. 水文在线监测系统的应用

(1) 系统应用方案

根据开采需要,在全井田范围内布置了 26 个在线观测孔,主要分布在河则沟、青草界沟流域两侧,萨拉乌苏组潜水和直罗组风化基岩孔隙裂隙潜水富水区。通过传感器实时监测这些特殊区域水位变化情况,利用分站仪每天采集2次数据,发送给上位机,上位机通过预设的钻孔深度、缆线长度、地面标高等数据计算出水位埋深、水位标高等数据,实现水文地质基础参数的在线监测。

(2) 系统应用效果

① 指导顶板疏放水

疏放水钻孔在含水层较厚区域布置较密,其他区域相对稀疏。对比二盘区

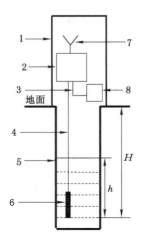

1—保护罩；2—分站仪；3—电源连接线；4—数据采集线；5—观测孔壁；

6—投入式液位和温度一体传感器；7—天线；8—电源；

h—传感器至水面的距离；H—传感器至孔口的距离。

图 4-97　水文在线监测系统在水文观测孔内的安装方式

4 个工作面疏放水钻孔施工情况，如表 4-17 所列，说明水文在线监测系统对疏放水设计具有一定的指导作用。

表 4-17　二盘区工作面疏放水钻孔分布

工作面	切眼区域/个	工作面区域/个	回撤通道区域/个	疏放水钻孔总数/个
31202	4	63	6	73
31203	13	55	6	74
31204	8	39	5	52
31205	7	41	6	54

　　31202、31203 工作面采用人工方式观测含水层水位，观测频率较低，无法及时掌握含水层水位变化情况，为确保安全，施工了大量疏放水孔。31204、31205 工作面采用水文在线监测系统自动采集含水层水位数据，用水位降深的变化情况验证疏放水钻孔的疏放效果，如果水位降深缓慢或变化不大，可增加疏放水钻孔数量。水文在线监测系统的应用，使工作人员能够及时掌握含水层水位变化情况，极大减少了疏放水工程量，节约了成本。

　　② 预测矿井涌水量

　　矿井涌水量主要包括探放水、工作面水、采空区水。锦界煤矿水文观测孔分布在井田范围内地表水丰富和松散层及风化基岩含水层富水性强的区域,在一定程度上能够得出井田范围内含水层水位变化情况,利用水文在线监测系统预测工作面涌水量,可以得出较准确的预测结果。

③ 指导优化排水系统

水文在线监测系统能够预测矿井涌水量,也可以指导优化排水系统。原排水系统按照矿井涌水量的最大安全系数设置管路,现采用水文在线监测系统,对主要排水管路安装流量计,精确掌握排水量。优化前采煤工作面平巷排水系统为 2 趟 DN400 mm、4 趟 DN300 mm、1 趟 159 mm PVC 软管、7 个接力水仓,排水能力为 3 400 m³/h。优化后工作面排水系统为(以 31211 工作面为例)4 趟 DN300 mm、1 趟 159 mm PVC 软管、5 个接力水仓,排水能力为 1 800 m³/h,完全满足预测涌水量的排水能力。相比优化前管路减少了 2 趟 DN400 mm,工程量减少,费用相比优化前单工作面节约约 950 万元,每年 3 个工作面节约约 2 850 万元。

三、长距离调斜工作面顶板矿压管理

为提高资源采出率,一盘区剩余 9 个工作面切眼采用调斜布置方式,预计可多回收煤量 30 万吨,减少切眼外三角区施工排矸巷 9 000 m,节约支护成本 55 万元。

工作面切眼采用调斜布置,在回采过程中机尾需要不停地加刀,机头、机尾不同步,机头顶板受扰动,顶板管理难度加大。以锦界煤矿第一个调斜工作面 31114 工作面为例,详细说明。

31114 工作面位于 31401 采空区边界,与工作面斜交,因此设计调斜方案。31114 工作面于 2018 年 9 月 24 日开始首采,于 10 月 8 日调斜完毕。通过分析总结,为后续类似条件下综采工作面调斜开采提供指导和借鉴。

1. 31114 工作面概况

31114 工作面位于 3^{-1} 煤层,一盘区集中辅运大巷一段北侧,煤层底板标高 1 119.1～1 135.5 m,工作面长度为 369.4 m,为锦界煤矿目前最长的工作面之一。选用辽宁北煤矿业集团生产的 ZY12000/18/35D 型双柱掩护式液压支架,额定工作阻力为 12 000 kN,共安设 215 架。

切眼宽 7.8 m,高 3.2 m。31114 工作面布置为斜切眼,斜切眼长度为 369.4 m,调斜后切眼机头超前机尾 62.3 m,具体斜切眼布置如图 4-98 所示。

2. 调斜设计

(1) 调斜方法

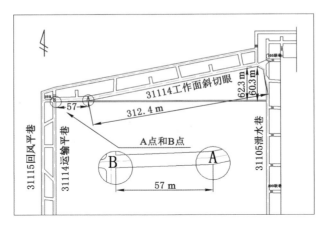

图 4-98　31114 工作面斜切眼布置

工作面调斜方法采用实中心调斜开采方式,设计调斜角度为 $2°+9.5°$。将斜切眼由 A 点分为两段,先以图 4-98 中 A 点作为实中心调斜开采,A 点在 $35^\#$ 支架(31114 工作面斜切眼拐弯点),A 点至 31105 泄水巷之间的斜切眼长度为 312.4 m;再以 B 点(31114 工作面与 31114 运输平巷的交点)作为实中心调斜开采,B 点至 A 点斜长为 57 m。

以 A、B 点为实中心,分两个阶段进行调斜开采。

第一阶段:先调斜开采 A 点至 31105 泄水巷之间的斜切眼,中心点 A 点不推移运输机,每次割完煤后将运输机调整成一条线,采煤机继续割煤,机尾共计推移 60.3 m,第一阶段共割煤 70 刀。每刀所割的煤都是一个小三角形。第一阶段完成后,工作面 A 点至机尾段与 31105 泄水巷垂直。

(2)调斜工艺

第一阶段 A 点至机尾长度为 312.4 m,共分 14 个循环。以工作面 $35^\#$ 支架为实点,将 $35^\#$ 支架至机尾平均分为 5 段,每段长 36 架支架(62.5 m),每个循环分为 5 刀。

循环工艺:采煤机身长约为 10 架支架。

第一刀:推溜工先将工作面 $35^\#$ 支架至机尾段运输机拉回,采煤机停在 $169^\#$ 支架处(以采煤机机尾侧滚筒为准),推溜工将工作面 $169^\#$ 支架至机尾段输送机逐步推出,使 $169^\#$ 支架至机尾推移行程由零逐渐增大,至机尾时确保支架推移行程为 865 mm,且保证该段输送机平直;采煤机开始由 $169^\#$ 支架进刀向机尾割煤,割至机尾时采煤机截深达到 865 mm,采煤机空刀返回至 $133^\#$ 支架,支架工自机尾依次向机头拉架,此时第一刀结束。

第二刀:推溜工将 143 支架至机尾段输送机推出,使 143 支架至机尾推移行程由零逐渐增大,至机尾时确保支架推移行程为 865 mm,并保证该段输送机平直;采煤机开始由 143 支架进刀向机尾割煤,割至机尾时采煤机截深达到 865 mm,采煤机空刀返回至 97 支架,支架工自机尾依次向机头拉架,此时第二刀结束。

以此类推直至第五刀结束,至此,一个循环结束,机尾向前推进 4.3 m,进行下一个循环。当 14 个循环全部完成,机尾推进 60.2 m,此时 35 支架至机尾工作面已平直,且与 31105 泄水巷垂直。

第二阶段:调斜开采 A 点至 31114 运输平巷之间的斜切眼,A 点至机尾段与 B 点垂直距离为 2.0 m,按照端头斜切进刀方式进行割煤,前两刀中心点 B 点不推移输送机,每次割完煤后将输送机调整成一条线,左割第三刀煤时,连同 B 点一起将输送机推出,第二阶段共割煤 3 刀。此时,工作面调斜工作全部完成,整个工作面与 31114 运输平巷和 31105 泄水巷垂直,开始按正规循环作业。

采煤机司机从实中心(A 点或 B 点)向机尾方向割煤,支架工跟着采煤机拉架,不推溜,返空刀后,再将输送机推出,必须保证从实中心到机尾输送机推移距离逐渐增加,直到在机尾位置时彻底将输送机推出。推移输送机方向必须交替进行,不得连续朝一个方向推溜,以免造成输送机窜移。

3. 工作面设备管理

(1)支架安装

工作面 35 支架(A 点)处为调斜拐点,该处拐弯角度为 171°。由于调斜角度大,生产期间容易出现两个问题:一是生产期间输送机窜动严重;二是调斜过渡段支架发生挤架而导致部分支架无法前移。

为避免上述两个问题的发生,在工作面安装时,首先将支架平行与两平巷布置,使支架推拉杆与滞后段成锐角,同时保证过渡段 35 支架前后支架等间隙安装,给支架侧护板留有足够的行程。

(2)输送机安装

为保证拐点处输送机平缓过渡,避免哑铃销拉断,必须严格按照规定过渡角度安装,即每节溜槽过渡角度不得大于 0.5°,工作面调整注意事项如下:

① 支架工拉架时要边打侧护边拉架(拉 100 支架打 99 支架侧护),注意支架状态,尽量将支架尾梁向机尾方向摆动,避免支架互相挤压。

② 机头向机尾推溜一次,下次为机尾向机头推溜,推溜方向交替进行,发现输送机窜移时,可采取向一个方向推溜。

③ 每个循环应对输送机、支架进行微调,确保输送机在每次推溜后均是平

直的。

④ 每完成一个循环后,整个工作面所有支架再进行一次调架,及时调整输送机与支架的状态,保证支架的状态完好,不发生挤架。

4. 调斜工作面顶板管理

(1) 初次放顶

为了避免基本顶初次来压对工作面支架造成损坏,保证初次来压期间顶板安全管理,在工作面安装前,对工作面切眼范围内顶板进行高压水预裂。

(2) 调斜开采矿压规律

当工作面机尾推进 78.9 m,机头推进 10.6 m 时,工作面 115#~190# 支架区域来压,来压强度不大,来压期间支架安全阀未开启,来压持续了割 3 刀煤的时间。

当工作面机尾推进 81.9 m,机头推进 13.9 m 时,工作面 95#~150# 支架区域来压,来压强度不大,安全阀未开启,来压持续了割 4 刀煤的时间。140#~170# 支架区域的顶板出现淋水。

当工作面机尾推进 95.4 m,机头推进 29.8 m 时,工作面 60#~90# 支架、130#~150# 支架区域来压,局部来压强烈,整体来压强度不大,来压持续了割 6 刀煤的时间,来压支架阻力普遍小于 43 MPa。105#~120# 支架区域的顶板出现淋水。

当工作面机尾推进 106.3 m,机头推进 36.4 m 时,工作面 45#~155# 支架整体来压,来压持续了割 9 刀煤的时间,支架阻力普遍小于 45 MPa。

工作面顶板来压顺序由机尾逐渐扩展至机头,工作面无片帮、漏顶现象,局部顶板出现淋水。矿压显现不强烈,未发生安全阀开启现象。初采期间,31114 工作面矿压云图分布如图 4-99 所示。

结合井下工作面矿压观测和地表塌陷情况,确定调斜工作面矿压显现不

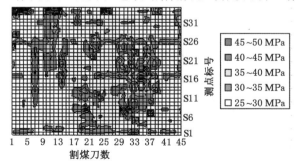

图 4-99 31114 工作面初采期间矿压云图分布

同步,机尾顶板首先断裂垮落,随着工作面不断推进,工作面分多次来压,最后发展至机头侧。机尾段来压步距大于以往综采工作面,而机头段来压步距明显小于以往综采工作面,如 31114 工作面机头侧初次来压步距为 36.4 m,机尾侧初次来压步距为 78.9 m。以往综采工作面初次来压为顶板整体垮落,而 31114 调斜工作面初次来压由机尾不断向机头分多次来压,一次性垮落顶板面积小,工作面来压强度相对不剧烈,来压期间工作面安全阀没有开启,无片帮、无漏矸。

第五章 未来矿山建设

第一节 人工智能技术

人工智能(简称 AI),是研究、开发用于模拟延伸和扩展人的智能的理论、方法、技术及应用系统的一门新的技术科学。20 世纪 70 年代后期,人工智能的研究以其新颖丰富的思想和强有力的问题求解能力迅速渗透到各个领域中。人工智能技术分支林立,在国内外已获得了飞速发展,诸如模糊逻辑、遗传算法、神经网络、专家系统、仿人智能、粗糙集理论、物元可拓方法、知识工程、模式识别、定性控制、小波分析、分形几何、混沌控制、数据融合技术等。人工智能正在推动第四次工业革命,已经在煤矿安全技术及工程领域得到应用,随着人工智能技术的发展,其在煤矿的应用将得到进一步推广。

一、人工智能技术简介

人工神经网络是智能科技中的基础技术,它的连接机制与人工智能的符号推理机制并列,成为智能科技的两大阵营。它模拟人脑的解剖生理学特征,用许多并行的简单神经元,以一定的拓扑结构联结成网,既接受外界信息,又相互刺激,更擅长于分布存储、联想记忆、反馈求精、黑箱映射、权值平衡、动态逼近、全息存录、容错防失,加之以神经元巨量互连,形成强大的自学习、自适应、自组织、自诊断、自修复能力,其网络节点间权值强度不断反馈,动态分析,与语言、视听人机接口的密切配合,可自动获取人类专家丰富的知识与经验,并模拟人脑的逻辑推理、形象思维以至灵感突现,恰如其分地处理各种不准确、不完善、不确定的信息,推理得出正确结论。

专家系统是收集应用人类专家的知识和经验,模仿专家处理知识和解决问题的方法,编制成计算机智能软件系统,在通过人机结合不断获得反馈信息的情况下,实时在线对规则、事例和模型实行独立决策的一种问题求解或控制系统。这种计算机智能系统具有启发性、透明性和灵活性,在不受时间、空间和环境影响的情况下,高效率、准确无误、周密全面、迅速且不知疲倦地完成工作,其解决问题能力和知识的广博性可超过人类专家,又克服了人类专家因疏忽、遗忘、紧张、疲倦等干扰因素造成的偏差和错误,因而其推广、应用具有巨大的经济效益和社会效益。

模糊逻辑模仿人脑的不确定性概念判断、推理思维方式,对于模型未知或不能确定的描述系统,以及强非线性、大滞后的控制对象,应用模糊集合和模糊规则进行推理,表达过渡性界限或定性知识经验,模拟人脑方式,实行模糊综合判断,推理解决常规方法难以解决的规则型模糊信息问题。模糊逻辑善于表达界限不清晰的定性知识与经验,它借助于隶属度函数概念,区分模糊集合,处理模糊关系,模拟人脑实施规则型推理,解决因"排中律"的逻辑破缺产生的种种不确定问题。模糊逻辑在矿井安全评价中多有应用。

粗糙集理论则是在离散归一化处理其在测量中所得的数据集合,通过基于集合元素的不可分辨关系的代数运算,利用条件与结果属性中的大量有用特征、有效数据发现知识,在决策规则的初步简化计算中取得核值,然后进一步简化规则并根据问题要求选取最小决策算法给予实际应用,去除大量信息中的多余属性,降低信息空间的维数和属性数量。它可大大简化网络结构和样本数量,缩短训练时间,是智能科技中一种具有根本意义的分析方法。这种方法是基于测量数据集而获取知识的,故对虚拟仪器的智能化发展具有重大意义。

物元可拓方法是在多种已知的一般决策的比较和优选的基础上,根据各层次、各阶段产生的不相容的矛盾问题的需要,进而突破常规,拓展性地采取创造性决策技巧,抓住关键策略,最大限度地满足主系统,使不相容的矛盾转化为相容关系,从而实现全局性最佳决策目标。它是在复杂系统中化解次要矛盾,解决主要矛盾和关键性难题的有力手段,也将会对仪器仪表的虚拟化、网络化和智能化的发展进程作出重大贡献。

数据融合技术是对多信息源测得的数据,根据其在整个系统的重要性和可信度分配以不同的权值比重,综合计算出该特征属性总体最优化表征值的一种技术方法。它是一种对复杂事物属性的优化测量和表征技术,对高技术开发研究具有极重要的意义。

二、人工智能技术在煤矿安全生产中的应用

1. 在煤矿安全仪器仪表网络化中的应用

煤矿安全仪表与人工智能技术的融合,可以通过强大的计算机运算功能快速

准确地计算出合理的参数,充分发挥安全仪表的作用。例如,将数字安全检测仪器连接到网络上,网络上的模式识别软件便可以快速准确地分析出仪表所处的工作状态以及各项属性,并做出相应的处理。如果将智能系统直接安装到数据采集设备上,便可以脱离网络实现智能的远程测量和数据采集,并自动实施分类。

随着计算机的发展,计算机的运算功能和人机互动功能越来越人性化,通过设计一项人工智能软件,然后将计算机与仪器、仪表连接在一起,就可以远程操作这些仪表,完成不同的任务。比如将这些仪表上的测量数据收集起来,建立一个煤矿数据库,需要时就可以随时调出来使用。并且不同的用户可以分别在相同的时间、不同的办公地点对同一个仪表或者同一个任务进行监控或数据收集,无须到现场查看。一旦发现问题,由于数据的同时性,工作人员便可以立即对现象或问题进行分析,并采取相应的措施,而不会因为信息的不对称,造成讨论的不一致性,耽误解决问题的时间。

2. 煤矿开采方案决策及参数优化设计

随着专家系统的发展,煤矿企业对矿井挖掘的方案和参数越来越合理,更贴合实际条件。

近年来,很多人工智能方面的研究所和院校专注于将人工智能这项技术应用于煤矿安全生产,比如美国阿拉斯加大学设计的专家系统,可以根据实际情况智能地在长壁采煤法和短壁采煤法之间选出最佳的截煤方案;俄罗斯东部矿业大学将模糊数学理论应用到煤矿生产中,设计出一项可以智能选择最佳爆破对策以及将方案参数最优化的专家系统;澳大利亚拉瓦尔大学设计的一项专家系统,可以智能选择最佳的设备。将人工智能应用到煤矿安全生产领域的这项技术在我国也得到了很大的发展。例如针对采矿巷道围岩支护中围岩分类专家系统;针对巷道支护的形式以及参数问题的专家系统;针对煤矿井下爆破挖掘方案选择的专家系统等。这些技术目前在煤矿安全生产中都得到了广泛的应用。

3. 井下故障诊断及灾害预防控制

煤矿生产过程中不但要解决采掘方案合理性的问题,最大限度地获取经济利益,更重要的是要解决生产过程中可能出现的安全问题,以及对环境的破坏问题。同时,煤矿井下设备多,自动化程度高,出现故障时,能否及时排除故障,恢复生产也成为井下生产的重要环节。针对这些问题,可以将人工智能应用在故障诊断和灾害预防控制方面。智能诊断专家系统以神经网络为基础,利用神经网络强大的学习能力,将过去煤矿生产过程中出现的安全问题、故障信息以及解决方案总结归纳,当问题出现时,专家系统能迅速反应,确诊问题,推理得出应对方案,如图5-1所示。

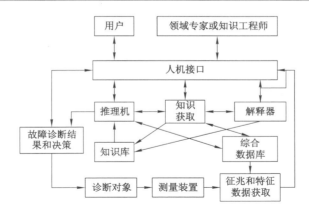

图 5-1　智能专家系统进行故障诊断流程图

4．煤矿安全生产监测及培训

煤矿企业可以利用 VR/AR 技术的沉浸感，将井下作业场景模拟出来，将对应监测系统提供的数据读取并显示在虚拟矿井作业相应的场景中，实现数据的三维可视化。用户使用时除了有身临其境的感觉之外，还能通过系统中报警状况提示、设备属性显示和历史数据回放等功能，充分了解井下各设备的运行状况，达到监测、协助和分析的目的。

VR/AR 技术还可应用在煤矿安全生产培训中，可将井下场景包括各种巷道、井下设备、避难硐室和运输系统等以三维的方式展现出来，用户能够进行任意调整视角和位置以及缩放等操作，多个角度观看井下环境及布局，使外来参观人员或新分员工对井下有一个直观的感觉，如图 5-2 所示。除此之外，矿井有紧急避险应急演练的需要，利用 VR/AR 技术可以低成本、高效率地对工作人员进行避灾演练培训，提高避灾、自救互救技能。同时，调度指挥中心还能将人员

图 5-2　虚拟井下运输系统图

情况以图像形式展现在三维空间中,为应急救援的指挥工作节省时间和人力。

5．分析煤炭消费模式

人工智能可以帮助煤炭企业了解产业链下游客户的消费模式。全球数十亿人口,每人的消费模式都不完全相同。了解消费者的习惯、价值观、动机和个性有助于进一步加强市场的平衡和有效性,还可以更有效地制定政策。

消费者的选择和意见,对煤炭企业有巨大的影响。通过研究煤炭消费模式,企业将能设计出更具针对性的营销方案,以管理煤炭消耗,甚至优化消费者行为。对人工智能来说,消费数据越多,自我学习出来的方案就越成熟,也就能更好地服务企业。

6．在设备选型及设计上的应用

煤矿矸石是煤炭开采的伴生废品,占开采量的 $10\%\sim15\%$,煤矸分离是煤矿生产过程中的重要工序,也是煤炭生产清洁能源的基础工作,减少矸石颗粒排放可降低 PM2.5 单位排放量,还可减少入洗成本,提升成品煤品级,从而增加煤矿企业的经济效益。目前捡矸石几乎是靠人工来完成,工作环境差,煤尘弥漫,噪音大,严重影响员工的健康。

开滦集团林西矿业公司洗煤厂准备车间利用人工智能煤矸分选机器人对煤矸进行分离,机器人先将胶带上的原煤排成整齐有序的队列,然后进行实时识别,再由机械手抓取入仓,如图 5-3 所示。其识别率和执行机构抓取率均实现 95% 以上,理论效率是人工手选效率的 3 倍,既安全又可靠,实现了"机械化减人、自动化换人"。煤矿灾害多、风险大、井下人员多、危险岗位多,研发应用于煤矿的机器人有利于减少井下作业人数、降低安全风险、提高生产效率、减轻矿工劳动强度,对推动煤炭开采技术革命、实现煤炭工业高质量发展和保障国家能源安全供应具有重要意义。

图 5-3　人工智能煤矸分选机器人

三、结语

人工智能技术的不断应用,改变了我们的生活和工作方式。人工智能技术在煤矿安全生产中的应用范围和规模不断扩大,煤矿安全生产设备也越来越智能化和先进化,煤矿生产也必将达到一个更高的层次。人工智能技术在煤矿生产中的应用,可以轻松将人的思维应用到生产设备上,实现"人"的智能化,不仅可以在量或是质上提高煤矿生产的效率,而且可以减少煤矿事故的发生,做到提前预防、提前准备。

第二节　大数据技术应用

一、大数据和大数据时代

大数据是互联网发展到现阶段的一种表象,是由人类日益普及的互联网行为产生的,由相关部门和企业采集的,蕴含数据产生者真实意图和喜好的非传统结构和意义的数据。在以云计算、互联网+、物联网等为代表的技术创新下,原本很难收集和使用的数据被利用起来了,通过各行业的不断创新,大数据将会为人类创造更多的价值。

早在 1980 年,著名未来学家阿尔文·托夫勒便在《第三次浪潮》一书中,将大数据称为"第三次浪潮的华彩乐章"。大约从 2009 年开始,"大数据"才成为互联网信息技术行业的流行词汇。美国互联网数据中心指出,互联网上的数据每年将增长 50%,每两年便翻一番,而目前世界上 90% 以上的数据是最近几年才产生的。阿里巴巴创办人马云在演讲中提到,未来的时代将不是 IT 时代,而是 DT 的时代,DT 就是 Data Technology(数据技术)。物联网、云计算、移动互联网、车联网、手机、平板电脑以及遍布地球各个角落的各种各样的传感器,无一不是数据来源或者承载的方式。大数据正在以不可阻挡的磅礴气势,与当代同样具有革命意义的最新科技(如纳米技术、生物工程等)一起,揭开人类新世纪的序幕,它将在众多领域掀起变革的巨浪。但我们要冷静地看到,大数据的核心在于为客户挖掘数据中蕴藏的价值,而不是软硬件的堆砌。因此,针对不同领域的大数据应用模式,商业模式研究将是大数据产业健康发展的关键。不过,大数据在经济发展中的巨大意义并不代表其能取代一切对于社会问题的理性思考,科学发展的逻辑不能完全被海量数据所替代。

国务院发布的《促进大数据发展行动纲要》中,将大数据发展确立为国家战略。党的十八届五中全会明确提出,实施"互联网+"行动计划,发展分享经济,实施国家大数据战略。大力发展工业大数据和新兴产业大数据,利用大数据推动信息化和工业化深度融合,从而推动制造业网络化和智能化。明确工业是大数据的主体,大数据的最终作用是为工业的发展和企业的转型升级提供有价值的服务。要顺利实现《中国制造2025》的目标,中国工业企业必须做好两件事:"顶天",掌握高端装备行业的工业数据,在高端制造领域完全实现中国制造;"立地",掌握中国制造行业的工业大数据,通过运用工业大数据,提升中国制造企业的效益,实现节能降耗,进一步提升中国制造产品质量。为了确保"顶天立地"目标的实现,必须狠抓人才、知识、工具三方面工作。

二、矿山大数据应用分析

1. 煤矿数据应用现状

煤矿与非煤矿山是一种资源开采模式,它们无法通过生产工艺的改进来提高产品质量(煤炭深加工等不属于探讨的范畴),因此煤矿的利润主要来自降低生产成本。矿业领域因其生产的特殊性在工业大数据的应用上,也呈现出了与传统制造业不同的特征。大数据在煤矿和非煤矿山的应用还是以生产和管理为主。对于矿山来说,最典型的大数据应用有两类,一类是通过大数据应用提高企业的安全水平,一类是通过大数据应用提升企业的生产效率。

我国矿山近几年的安全形势已经好转,但安全事故仍然时有发生。我国依靠传统的信息化手段已经做了大量的工作来解决煤矿安全问题,随着六大系统(人员定位、监测监控、压风自救、供水施救、紧急避险、通信联络)在全国矿山的全面推广及应用,全国煤矿的安全生产形势已经好转。但是,各个子系统之间的信息仍然是孤立存在的状态,没有形成联动机制,矿山的根本性安全问题仍然没有得到有效解决。

针对这种情况,煤炭企业不应该满足于以六大系统为基础的安全管理模式,而是应该紧跟时代步伐,以两化融合为契机,进一步挖掘大数据在煤矿安全管理中的作用。通过应用先进的数据处理技术手段,把原先分散在各个系统中的人员信息、环境信息、设备信息进行综合处理与分析,提前发现安全隐患,真正将被动的安全预警机制从发生问题报警提升为系统自主发现问题并自动预警的智能预警机制,建设安全零伤害的本安型矿井。

2. 煤矿大数据应用

煤矿大数据应用分析是煤矿信息化、数字化的升华,利用智能装备对煤矿物理世界进行感知,通过网络互联和数据传输,并利用大数据及云计算技术进行处理,实现矿区与远程信息的交互和无缝连接,达到对煤矿安全生产的实时控制、精确管理和科学决策的目的。

　　云计算通过对大规模可扩展的计算、存储、数据、应用等分布式计算资源进行整合,通过互联网技术以按需使用的方式提供计算和存储服务。从技术发展的模式来看,大数据技术的发展将呈现多种技术聚合发展的模式,如云计算、大数据的聚合发展,并在聚合发展中出现新的需求、新的研究与发明、新的价值模式。"互联网＋"时代煤矿大数据可以分为以下几个方面的应用,如图 5-4 所示。

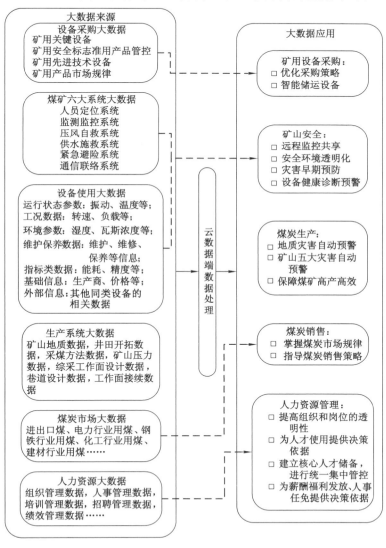

图 5-4　煤矿大数据应用示意图

基于大数据的矿用设备管控技术,可以实现矿用关键设备采购、煤矿一般物资采购、新型矿用设备研发、库存管控与配置等实时数据信息的跟踪查阅,实现物资采购、运输、仓储、使用、维护等全过程的跟踪管理,为煤矿安全生产提供快捷的物资保障。

基于大数据的矿用安全标志准用产品管控,采用矿用安全标志准用产品智能感知技术,采集矿用安全标志准用产品信息编码、安全标志参数、授权数据,实现矿用安全标志准用产品的跟踪溯源实时在线管控。同时利用矿用安全标志准用产品管控信息平台,实时远程对安全标志准用设备开展生命周期分析、健康诊断与预警、安全标志电子授权等管理措施来加强对矿用安全标志准用产品的监管。

煤矿井下使用的大型设备较多,有掘进机、采煤机、刮板输送机、通风机等。通过应用基于大数据的远程管控技术,建立设备数据库,采集设备在使用过程中的七大类相关信息,可实现设备的使用、健康诊断与预警、维护等全过程跟踪管理和远程维护。七大类设备信息主要包括:

第一类是设备运行的状态参数,如振动、温度等;

第二类是设备运行的工况数据,如转速、负载等;

第三类是设备使用过程中的环境参数,如湿度、温度、瓦斯浓度等;

第四类是设备的维护保养记录,如维护、维修、保养等信息;

第五类是设备的指标类数据,如能耗、精度等;

第六类是设备的基础信息,如生产商、价格等;

第七类是外部信息,如其他同类设备的相关数据。

(1)煤矿安全智能预警

煤矿生产包含采掘、运输、供电、通风、排水等多个环节,这些不同的生产环节决定了矿井监测、控制子系统异构的特征。煤矿依托覆盖矿井上、下的高速网络,通过物联网将矿山环境、设备及人员实时连接起来,对矿山体征(矿山灾害环境、设备健康状况、人员安全态势)进行实时监测、感知、交流与控制。煤矿安全监测系统中心服务器在联网的前提下,可以将实时监测数据存入云端数据库,云数据中心运用其强大的云计算能力,通过数据挖掘算法在历史监测数据中找到与当前实时监测数据相匹配的数据模型,从而判断当前井下安全生产状况并提供预警。有效的监测监控预警系统定能将监测监控系统的实时数据与指标体系信息数据进行融合分析,得出预警信息,进而在灾害发生前或即将发生时快速推送预警信息,从本质上提升煤矿安全生产水平。

(2)生产系统大数据建设

生产系统大数据建设的核心任务是将矿山各子系统互相关联的分布式异构数据源集成到一起,通过数据分析挖掘数据内部的规律和潜在价值,使用户能够以透明的方式访问这些数据源。

首先,将不同来源、格式、特点性质的数据在逻辑上或物理上有机地集中,从而为煤炭企业提供全面的数据共享。数据集成模块将来自不同部门、不同系统和不同格式的数据进行整合和梳理,同时规范平台中所有的数据格式。如在井田勘探时期,建设煤田地质勘探数据、煤层埋藏特征数据、矿井储量数据、煤质分类数据等数据库;在矿井建设期间,建设井田开拓数据、准备方式数据、巷道围岩分类数据等数据库;在矿井生产期间,建设煤层围岩分类数据、采煤方法数据、工作面矿压显现规律数据、支架选型数据、单产单进数据等数据库。在数据库的基础上构建包含各种复杂地质构造(正断层、逆断层、陷落柱、含水层、老窑区等)的高精度三维地质透明化模型,并实现基础地测数据的动态更新。

其次,在数据集成的基础上,按主题进行数据分析,发现数据内部的规律和潜在价值,为平台功能实现提供前期准备。一方面可以更加精准地把握矿井生产进度、合理安排工作面接续、精准掌握矿井地质构造、保障矿井安全生产;另一方面可以对未来影响矿井安全生产的五大自然灾害问题进行预测。

最后,应用可视化展示平台将数据分析结果根据管理者的认知习惯以直观的形式呈现给用户,为企业管理者决策提供数据支撑。智慧矿山综合自动化形态将生产系统大数据与地理信息 GIS 平台进行融合,实现基于真实地理信息的综合自动化展示管控平台。也就是说,将所有的生产数据信息以矿井采掘平面地图为载体,在平面地图上分层集中显示,从而实现集中控制和数据管理分析,为生产决策提供依据。

(3)云服务平台建设

为了解决从煤炭企业到用煤客户产业链云服务平台的数据交换问题,首先需要解决局限于单个煤矿企业的信息平台的数据交换的问题,使其满足支撑多个煤矿企业的数据交换需求,改变以往煤矿企业单数据上传或下载交换,以及双向数据交换的单个固定配置模式。

构建多源异构数据交换体系的动态可配置的云服务平台,将煤炭产业链协作与云计算平台的信息集成结合起来,支撑面向产业链多联盟、多类型群动态协作的云服务协同数据交换服务。建立不同层级的煤矿安全生产云服务平台,形成煤炭企业、矿业集团、省级煤矿管理机构和国家煤矿管理机构的时空多维数据共享机制,提供高可靠、高扩展、高存取性能的煤矿大数据模式,分析煤矿灾害孕育、演化及突发的全过程反演,实现煤矿安全生产环境的透明化,在煤矿灾害的早期发现与预防领域实现突破。通过构建统一云服务平台,实现煤矿安全生产信息的跨区域、实时远程监测的共享服务。

(4)煤炭市场预测

煤炭需求与煤炭价格既取决于生产成本,也受供求关系影响,因此,通过大数据分析掌握煤炭市场规律,准确掌握供需关系、市场供应链等数据,将有助于煤炭市场走向的预测。如研究单位能耗比例、进出口、电力、钢铁、建材、化工以及其他产业煤炭供求数据,掌握气温与煤炭需求关系,提出预测模型,通过大数据分析研究煤炭需求。

(5)人力资源管理

人力资源管理是企业管理的核心,高素质、结构合理的人力资源对于矿山企业的发展具有重要作用。由于在计划经济情况下传统人事管理体制的惯性作用,我国大多矿山企业人力资源管理只能随着改革的步步深入而逐步转换,但是这种人事管理制度已经不适合当下的矿山企业。在大数据时代,可以应用大数据对矿山人力资源管理的组织管理、人事管理、培训管理、招聘管理、绩效管理等方面进行优化,以此调动员工的积极性,发挥员工的潜能,为企业创造价值,确保企业在生存发展过程中对人力的需求和人工成本的控制,实现企业战略目标。

① 组织管理:实时、可视化地获取单位组织机构、定员及相应的现有人员情况,组织、岗位、定员等信息的跟踪追溯和可视化展现;加强组织机构和岗位异动的流程管控,实现流程柔性定制、电子审批和组织机构调整,岗位变动信息跟踪、追溯,提高组织和岗位的透明性。

② 人事管理:从人力资产的角度,全方位地跟踪人员的个人信息、教育背景、资质能力、过往工作经历、岗位业绩表现等信息,覆盖不同类用工人员,全口径管理,对员工个人能力全方位评价,为人才使用提供决策依据。

③ 培训管理:结合能力评估和岗位胜任要求,自动感知培训需求、科学合理制订培训计划、实施培训,培训项目与计划匹配度及评估培训效果的全过程信息可视化。

④ 招聘管理:对企业现有人力资源进行评估,提前预测未来人力需求,为招聘计划提供决策支持,对招聘过程跟踪,建立核心人才储备,进行统一集中管控。

⑤ 绩效管理:及时真实准确地获取部门、单位、员工各维度绩效考核信息,从而科学、实时地对员工进行绩效评价,为薪酬福利发放、人事任免提供决策依据。

(6)"读心头盔"的应用

在大数据时代,人脑信息转换为电脑信息成为可能。科学家们通过各种途径模拟人脑,试图解密人脑活动,最终用电脑代替人脑发出指令。将来可以实现人脑中的信息直接转换为电脑中的图片和文字，用电脑施展读心术。2011年，美国军方启动了"读心头盔"计划，凭借"读心头盔"，士兵无须语言和手势就可以互相"阅读"彼此的脑部活动，在战场上依靠"心灵感应"，用意念与战友互通信息。目前，"读心头盔"已经能正确"解读"45％的命令。随着这项"读心术"的发展，人们不仅可以用意念写微博、打电话，甚至连梦中所见都可以转化为电脑图像。据有关报道，美国科学家已经成功绘出鼠脑的三维图谱。在煤矿，该项技术有更大的应用前景：第一，工人在地面可以直接控制井下设备。通过该项技术，将人脑指令转化为电脑指令，通过数据传输，让井下设备来执行指令，从而将井下工人从复杂危险的井下环境中解放出来，最终实现真正的无人工作面。第二，凭借"读心头盔"，工人无须语言和手势就可以互相"阅读"彼此的脑部活动，在井下依靠"心灵感应"，用意念彼此互通信息。

第三节　透明工作面探索

近几年，矿山底层设备自动化的建设越来越广泛，生产系统的远程集中监控程度越来越高，通过数据分析、数据整合，整个综合自动化系统实现了集中控制和数据共享。同时，井下感知物联网和数据中心建成后，以可靠的底层监测设备和传感器为基础，加大无线物联网传感器的应用，初步实现了矿井各个地域的环境感知。

随着信息化、智能化关键技术的不断发展，数字化矿山的建设即将迈入一个新的阶段。应用 GIS 技术、物联网技术、数据库技术、专家系统等开展煤矿井下水、火、瓦斯、顶板等重大危险源检测、识别及预测预警，真正实现重大危险的早期预测预警。同时构建包含各种复杂地质构造（正断层、逆断层、陷落柱、含水层、老窑区等）的高精度三维地质透明化模型，并实现基础地测数据的动态更新。构建矿井"采、掘、机、运、通"专业仿真模拟系统，实现全矿井"监测、管理、控制"的一体化，最终实现基于三维虚拟矿井平台的网络化、分布式综合管理，不但能提高煤矿整体安全管理水平，而且能为未来无人采煤工作面的实现奠定基础，这也是未来矿山发展的一个重要课题。

一、系统结构

透明化矿山有两大应用方向：一是贯穿于地质勘探、储量计算、采矿设计、矿山开采、智能生产、安全巡检的安全生产；二是贯穿于虚拟培训、灾害推演、职业培训、设备维修的教育培训。

透明化矿山系统主要由透明化矿山生产系统、透明化矿山平台、底层引擎及培训考试系统组成。

1. 透明化矿山生产系统

透明化矿山生产系统主要包含基于地理信息的采煤机精确定位、井下三维监测、精确煤岩识别系统，基于随采随测的割煤曲线绘制、顶底板控制线绘制、修正系统，综采工作面煤壁定位系统，经济指标统计展示等子模块。其基础数据来源于物探、地质勘探、生产数据以及其他运行数据。

透明化矿山生产系统主要实现以下几方面的功能：

（1）工作面感知

透明综采工作面要求基于地质地理勘探信息，对工作面开采过程进行全面感知、信息集成与自适应智能化分析控制，建成统一综采自动化智能控制系统，能够实时对井下工作面环境、装备进行感知，并根据感知数据进行智能分析，集成控制综采装备，从而进行自适应开采操作，以实现真正的无人化开采。实现透明综采工作面全域模型，主要依赖以下几项关键技术：

① 三维激光扫描技术

在透明综采工作面领域，激光扫描技术主要用于开采前与开采过程中工作面与巷道轮廓三维坐标数据的获取。目前制约激光扫描技术在井下应用的因素主要包括：开采过程中的煤尘干扰和井下缺乏有效的定位技术。

② 地质勘探技术

地质勘探技术多种多样，但每种手段或多或少都存在缺陷。为了克服地质勘探技术的缺陷，综合地质勘探技术应运而生。综合地质勘探技术是综合多种物理勘探、地面测绘及钻探技术的优点，将其有机融合而形成的综合性勘探技术。该方法能够充分发挥各类探勘技术的长处，弥补各自的缺陷，日渐成为主流勘探技术。

③ 惯性导航技术

主要通过测量加速度和陀螺仪的角运动，根据牛顿力学原理计算出载体运动的速度和位置。但无论是精度多高的惯性元器件，都会随时间的增长导致陀螺仪与加速计的误差积累，惯性导航系统长时间运行必将导致客观的累积误差。为了克服这个缺点，通常需要组合装备多种导航系统，用惯性导航作为主要定位部件，并辅助以其他种类的导航技术进行误差修正与纠偏。

④ 生产工况传感器技术

工作面综采设备传感器包括监测工作面安全生产主要设备工况的传感器以及利用信息技术实现科学生产过程管理的传感器和系统。

（2）多源信息融合

在透明综采工作面中,数据融合主要是根据由信息层所整理分类的信息,通过解决数据冲突、进行数据合并后,综合推导界定与现实综采工作面状态最接近的虚拟数字化工作面状态,为工作面的三维重构提供可靠的信息依据。

（3）基于虚拟现实的工作面重现

掌握各综采装备的实时位置、姿态与工况,对工作面整体环境进行综合分析后给出可操作的开采指导。在得到动态装备仿真模型后,再将环境与装备统一,最终在计算机内完全重现工作面的状态。

地质勘探剖面及煤层顶底板等值线图的绘制,如图5-5所示。采煤工作面的三维模型绘制及动态修正,如图5-6和图5-7所示。场景三维模型可视化,如图5-8～图5-10所示。

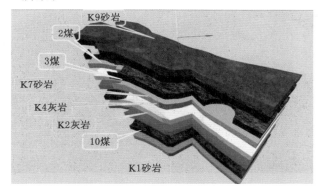

图 5-5　地质勘探剖面效果图

图 5-6　某综采工作面的三维模型绘制

图 5-7　某综采工作面三维可视化效果

图 5-8　某采空区三维可视化效果

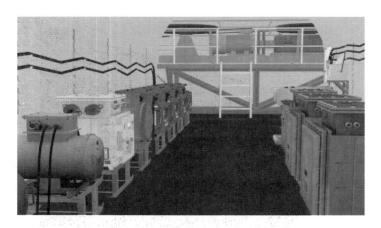

图 5-9　某设备硐室三维可视化效果

图 5-10　某掘进工作面三维可视化效果

2. 透明化矿山平台

透明化矿山平台主要包括各类算法及管理模块,主要由煤矿二维 GIS 平台及三维可视化平台构建,如图 5-11 所示。

二、虚拟培训考试系统

煤矿安全培训对象主要包括入企新工人、具有丰富工作经验的老工人和煤矿安全生产管理人员。培训要求新工人应能尽快熟悉煤矿井下作业环境,掌握作业操作方法和注意事项,提高井下操作的安全性。对于老工人和煤矿安全生产管理人员,已经熟悉井下作业环境和安全规程,需要学习新的技术成果,并通过讨论提出煤矿安全的改革思路与对策。显然,接受培训的人员都需要对生产中"三违"行为的危害和事故造成的巨大破坏提高认识,并通过典型事故案例的分析,发挥重大事故的警示作用,帮助职工克服疏忽大意、侥幸心理等,提高煤矿生产和作业操作时的安全意识。

目前我国煤矿职工的文化程度参差不齐,因此煤矿安全培训虚拟现实系统必须具备形象感和沉浸感(图 5-12),以易于为不同文化层次和培训需求的人员所接受和理解,这就要求其主要功能应包括虚拟井下生产环境漫游和井下事故发生过程模拟两大模块。虚拟井下生产环境漫游包括巷道布置和作业场景的建模和漫游,这可以让操作者在一个模拟实际的作业环境中,通过控制鼠标和键盘在虚拟作业场景中漫游、查看和操作各种设备。模拟井下事故发生过程,能够简单地再现井下采煤工作面、掘进工作面在某种环境条件下的顶板垮落、瓦斯爆炸、瓦斯燃烧、烟雾形成等过程,可提高工作人员灾害应急处置能力。事

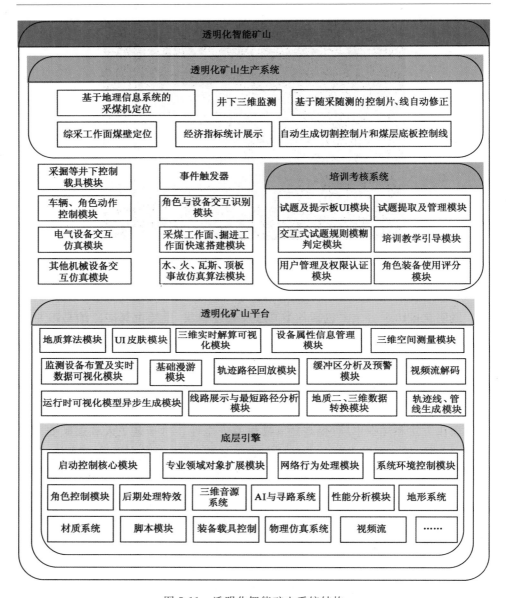

图 5-11　透明化智能矿山系统结构

故调查者可以利用一系列三维图像,在计算机屏幕上再现各种事故发生的过程,从各种角度去观测、分析、反演事故发生的过程和原因,为查找事故发生的真正原因提供保障,同时还可以协助检验事故防治措施的合理性,为编制正确有效的事故灾害防治措施提供参考依据。

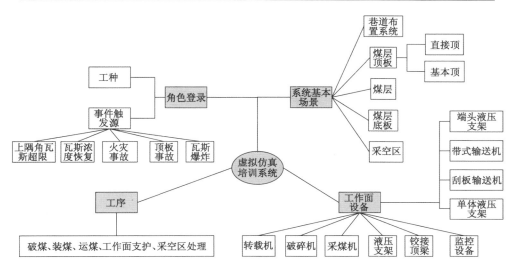

图 5-12 虚拟培训考试系统结构

为了满足煤矿井下瓦斯事故和火灾事故灾害分析表现形式的多维化需求，建立煤矿安全培训虚拟现实系统，利用生成的交互式三维计算机图像、巷道环境模拟、井下工作场景（图 5-13）以及仿真煤矿井下灾害的发生、发展、蔓延及救灾过程，为灾害事故的救援带来重大的效率提升，它将是未来煤矿安全培训的必然选择。

图 5-13 某矿支架仿真培训

三、软件架构

软件平台由底层到顶层共分为四层架构，如图 5-14 所示。

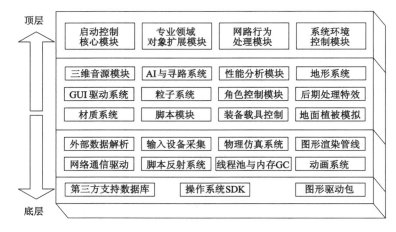

图 5-14 透明化矿山软件架构

第一层：基础软件层，主要由第三方支持数据库、操作系统 SDK、图形驱动包组成。

第二层：数据采集处理层，主要由外部数据解析、输入设备采集、物理仿真系统、图形渲染管线等组成。

第三层：开发层，包括三维音源模块、性能分析模块、地形系统、角色控制模块、地面植被模拟等。

第四层：应用层，支持专业领域对象扩展、网络行为处理、系统环境控制等。

四、系统关键技术

1. 高精度地质模型构建

建设基于高精度地质模型是透明化矿山的重要研究内容。伴随着矿山开采，地质模型的建立必须是一个动态的修正过程。

透明矿山生产系统以高精度透明化三维地质建模为基础，结合地质勘探、遥感、航测、井下钻探、物探、巷探和井巷揭露地质资料等成果，建立精确的地质模型。同时依据不断增加的新揭露数据，可动态修正三维数据模型（图 5-15），使得数据精度随着生产的推进同步提高。

高精度透明化三维动态地质模型的构建包括以下四个方面的内容：

（1）通过物探技术得到的高分辨率数据。

（2）通过对数据的处理和推断，建立由较小或很小基本地质单元组成的、更能反映地质体空间分布细节的地质模型，并提供对地质环境中的地质体进行操作和分析的功能。高精度地质模型应由一系列地质子模型组成，这些地质子模型是根据不同地质体，如地层、断层等地质体的不同特征而专门设计的。

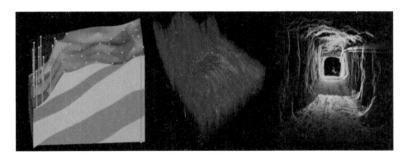

图 5-15　三维地质建模及巷道扫描

（3）根据最新获取的生产数据快速对已有模型进行动态修正，以反映地质体和巷道的最新空间形态，提高表达精度。

（4）三维图形一般较大，普通的本地文件存储方式已经无法满足需求。利用三维空间数据的分布式存储引擎能够高效地对图形图像数据进行存储、管理和查询。

2. 三维可视化平台

三维可视化平台是一系列专门为服务煤矿领域生产应用而设计的三维产品体系。与传统的可视化软件相比，该平台提供了更为强大的实体编辑和建模功能，更为丰富的三维渲染方式，并在三维对象模型、空间数据引擎、分布式网络系统、专业应用支持等方面有了全新的突破。

（1）分布式海量空间数据存储技术

不同于二维图形平台，三维平台需要处理的空间数据和影像数据要比一般二维图形大得多，普通的本地文件存储方式已经无法满足需求。利用三维空间数据的分布式存储引擎能够高效地对图形图像数据进行存储、管理和查询操作。

（2）三维模型数据库技术

三维模型数据库技术是通过空间数据引擎存储和管理所有三维模型，提高常用设备模型的使用效率，可以进行重复利用，同时也减轻了系统内存开销。用户可以方便地对模型进行交互式操作，搭建三维虚拟场景。

（3）三维组件技术

现有二维地理信息系统组件技术已经很成熟，但在三维平台的开发中，组件式的开发仍然不是很成熟。在虚拟矿井平台体系的设计中，充分考虑了三维组件技术的应用，采用多层次开发规则，一方面提高平台二次开发效率，另一方面可以开放标准组件通用接口，提供网络支持。

（4）GPU 图形渲染技术

通常情况下,三维可视化引擎大多是通过固定管线渲染进行工作的,这种方式不能对显示设备进行充分利用,而 GPU 图形渲染技术能对显示设备进行指令编程,充分利用图形芯片处理器的作用改进渲染管线,能极大地提高渲染效率和画面效果。

（5）三维场景渲染 LOD 技术

在大范围三维场景漫游情况下,即使剔除视域之外的实体对象,平台所承载的三维渲染对象的数目仍然很大,并且空间几何数据和纹理图像占用的系统资源也很庞大,成为三维可视化的技术瓶颈。LOD 技术采用"分级分块"的原理,可以减少每一帧渲染的空间数据和图像数据,为系统减负,能有效改善三维平台的实时渲染效果。

3. 智能化无人工作面

智能化无人工作面是在基于高精度三维地质动态模型的基础上,智能指导工作面各个集控子系统相互协同作业,自动化回采。同时,利用综采仿真功能,对井下回采工作进行真实再现。

仿真开采可视化地质信息包括高精度三维动态地质模型、综采仿真模拟等功能。

基于高精度三维地质动态模型的无人采煤工作面,通过将煤层切割成片状,得到每一片的煤壁轮廓,自动计算出采煤机的切割控制线。当切割到顶板或底板时,利用测力截齿技术、岩性参数识别技术、图像分析技术得到的补测数据,能够进一步对工作面前方的煤层三维模型进行实时修正,从而实现对采煤机切割控制线的自动修正,真正指导无人采煤。

虚拟培训系统,通过生产过程仿真,让从业人员了解整个矿井"采、掘、机、运、通"各专业的生产流程,并可导入矿井地质、测量等真实数据,展现矿井实际生产进度。在仿真环境中嵌入考评环节,能够模拟各工种的实践操作和创新培训,让员工达到身临其境的培训效果,既保障了员工的安全,又达到了实践操作培训的目的,同时还节省了地面实操基地硬件设施的安装与布置。

第四节　巡检机器人应用

一、项目背景

从 20 世纪 60 年代末期,斯坦福研究所研制出自主移动机器人 Shakey 开始,社会上对于移动机器人的需求与日俱增。移动机器人技术主要涉及机械工程、电子技术、计算机、自动控制、人工智能等多种学科，是一种集环境感知、数据融合、任务规划、行为执行等多功能于一体，能够实现灵活运动的综合智能化系统。

煤炭行业作为我国能源开采的支柱产业，一直是传统工业中的高危行业，保证从业人员安全高效地开展工作的压力巨大。因此，原国家安全生产监督管理总局于 2015 年提出了"机械化换人，自动化减人"的建设理念。通过近几年的发展，目前机器人技术在国内外煤炭行业的应用颇有成效。

本节针对井下重要场所（如井下变电所）机器人巡检进行研究。随着人工智能、移动机器人、通信等技术迅速发展，利用巡检机器人，通过携带多种检测设备（机械臂、视频监控设备、红外热源监控设备等），在变电所进行智能巡视并与各岗位监控人员实时互动，根据现场情况做出对应的解决方法已成为现实。

二、研究内容与预期目标

井工矿变电所机器人巡检平台主要研究利用机器人代替人工对变电所进行巡检，研究内容如下：

（1）巡检机器人采用轮式机器人的运动控制技术，结合综合控制系统，实现机器人的遥控巡视和自主巡视等功能。其主要技术包括：导航定位、机器人视觉、传感器融合、可见光与红外数据检测、机械臂控制、数据确认等。

（2）巡检机器人通过视觉技术，在巡检过程中监控是否着火、冒烟，监控作业人员是否违章作业，监测水泵压力表、真空表、电动闸阀显示盘状态等功能。

（3）巡检机器人通过红外热源监测技术，检测变电柜内元器件、设备旋转部位、线路等部件的温度是否过高。

（4）巡检机器人通过机械臂控制技术，对变电柜进行复位相关操作。

（5）巡检机器人与地面监控人员交互，通过机器人代替监控人员的眼睛和手。

（6）巡检机器人具备自主充电功能。巡检机器人可以在非工作时间及电量低于设定值的情况下，行进至自主充电工位进行充电。

（7）巡检机器人可以将视频图像实时传输至后台控制室，并由后台控制室对测试图像进行分析处理。后台控制室可实时存储图像和视频文件，机器人自身设计有存储器，可完成 72 h 的视频文件存储。

（8）巡检机器人可自主巡航，并可基于人工操作输入，进行部分路径的修改。

（9）巡检机器人摄像头及机械臂配有可伸缩结构，可根据巡检要求调整高度和角度。

研发的井工矿变电所机器人巡检平台满足矿井变电所的自动巡检工作,可完全取代人工巡检及机械复位操作。

目前通过井工矿变电所机器人巡检平台建设,并对机器人以及携带的传感器等设备进行验证,已达到代替变电所巡检人员的目标,如图5-16所示。

（a）工作场景　　　　　　　（b）巡检机器人平台

图5-16　机器人巡检工作场景与巡检平台

三、系统研究方案

整个系统基于一个移动机器人平台,并使用基于同时定位与地图构建(simultaneous localization and mapping,SLAM)的导航定位算法实现特定路径的自主巡航。在此基础上,实现视频监视、仪表状态监测、信息上传等巡检功能,详细的系统功能结构如图5-17所示。

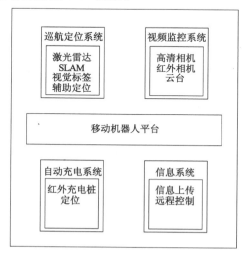

图5-17　系统功能结构图

1. 移动机器人平台

本方案采取四轮移动机器人平台,其中左右轮独立驱动,通过两边差速的方式改变机器人的运动方向。

根据不同的底盘结构,移动机器人平台可分为轮式机器人、履带式机器人、足式机器人以及不同的仿生机器人,如图 5-18 所示。一般室内机器人通常采用轮式移动结构,室外机器人为了适应野外环境的需要,多采用履带式移动结构。仿生机器人通常模仿某种生物运动方式而采用相应的移动结构,如机器蛇采用蛇行式移动结构。其中轮式的效率最高,但适应性能力相对较差,应用场景有限;而足式的移动适应能力最强,但其效率最低。

（a）轮式机器人　　　　（b）履带机器人

（c）足式机器人　　　　（d）仿生机器人

图 5-18　移动机器人平台

巡检机器人平台工作环境为室内,因此采用效率及稳定性都较高的轮式机器人,且底盘设计为可更换的方式,以便适应不同的工作环境。轮式移动机器人是移动机器人中应用最多的一种机器人,在相对平坦的地面上,用轮式移动方式是相对优越的。

轮式移动结构中,四轮移动结构应用最为广泛,四轮结构可采用不同的方式实现驱动和转向,既可以使用后轮分散驱动,也可以用连杆结构实现四轮同步转向,这种方式比起仅有前轮转向的车辆可实现更小的转弯半径。另外,车辆通过控制左右两个驱动轮的转速也可以实现转向。驱动轮转速不同时,即使无转向轮或者转向轮不动作,车身也会旋转。驱动轮转速的不同可以通过操作安装在左右半轴上的两个单独的离合器或制动装置来实现差速转向。目前,几乎所有链轨(履带)车辆都采用这种方法实现转向。差速转向的优势在车身可以获得更小的转弯半径,车身可实现原地转圈的功能。差速转向的主要缺点在于高速行驶中不稳定、轮胎易磨损等。

综合考虑平台稳定性及系统复杂性等因素,选用图 5-19 中的四轮方案,其中左右轮独立驱动,通过两边差速的方式改变机器人的运动方向。

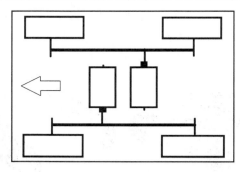

图 5-19　轮式机器人的底盘方案

2. 巡航定位系统

巡检平台支持在非人工干预下进行自主巡航,且不需要铺设轨道。巡航定位系统采用同时定位与地图构建(SLAM)的导航定位算法,一方面利用激光雷达探测周围环境情况,构建环境三维地图并对自身进行定位;另一方面利用监控摄像机识别特定位置的二维码标志,提高定位精度,并据此完成路径规划。

SLAM 通常是指在机器人或者其他载体上,通过对各种传感器数据进行采集和计算,生成对其自身位置姿态的定位和场景地图信息的系统。SLAM 需要解决的核心问题是构建周围环境以及定位自身所处的位置,进而确定下一步该如何自主行动。图 5-20 是 SLAM 地图构建的一个示例。

目前常见的机器人 SLAM 系统一般具有两种形式:基于激光雷达的 SLAM(激光 SLAM)和基于视觉的 SLAM(VSLAM)。VSLAM 通过视觉图像来构建环境地图,优势在于摄像头成本较低。但构建算法需要巨大的计算量,采取 VSLAM 的形式对硬件平台的计算性能有严苛的要求。激光 SLAM 与 VSLAM 相比计算量小,且容易构建更精确的地图,因此本系统采用激光 SLAM 的方案。

激光 SLAM 来源于早期基于测距的定位方法(如超声和红外单点测距)。激光雷达的出现和普及使得测量更快、更准且信息更丰富。激光雷达采集到的

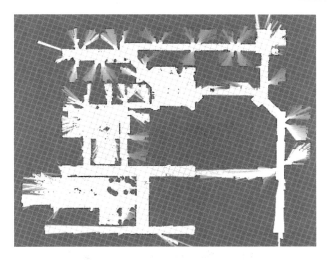

图 5-20　SLAM 地图构建示例

物体信息呈现出一系列分散的、具有准确角度和距离信息的点，称为点云。通常激光 SLAM 系统通过对不同时刻两片点云的匹配与比对，计算激光雷达相对运动的距离和姿态的改变，也就完成了对机器人自身的定位。

激光雷达的距离测量比较准确，误差模型简单，在强光直射以外的环境中运行稳定，点云的处理也比较容易。同时，点云信息本身包含直接的几何关系，使得机器人的路径规划和导航变得直观。激光 SLAM 理论研究也相对成熟，落地产品更丰富。图 5-21 是激光雷达实物以及测量得到的点云。

激光雷达的安装示意图如图 5-22 所示。轮式机器人正上方安装三维激光雷达（方框中），感知四周环境。

除了激光 SLAM 外，此系统还利用机器视觉的方法识别特定位置的标志图形来辅助定位。

3. 视频监控系统

视频监控系统硬件组成包括高清摄像机、红外摄像机、补光灯与可升降云台，如图 5-23 所示。摄像机对周围环境做实时扫描和记录，一方面将视频存储到机器人自身的视频硬盘中，另一方面通过无线网络将画面实时传输至视频监控系统的后台服务，实现多终端远程画面监视。机器人正常巡航过程中，云台按照设定的动作工作，保证对巡视环境的 360°无死角监测。云台还可接受后台服务的指令指向特定的方向，以实现对监控画面的远程控制。

系统中高清摄像机主要完成监控画面的获取，并通过 LED 补光灯来保证在环境低照度光线条件下的成像质量。红外摄像机不受可见光照的影响，它除了

（a）激光雷达实物

（b）点云图

图 5-21　激光雷达与所测的点云图

红外成像之外，还能对设备的异常状态进行检测。

　　红外摄像机技术分为主动红外摄像机技术和被动红外摄像机技术。其中，被动红外摄像机技术（热成像技术）是利用物体自身向外辐射红外线的原理，所有温度高于绝对零度（－273.15 ℃）的物质都不断地辐射着红外线。红外线是一种人眼不可见的光波，它是由物质内部的分子、原子的运动所产生的电磁辐射。由于物体辐射红外线的强度与温度相关，因此捕获环境中红外线的强度便可形成基于温度的画面。而主动红外摄像机技术则是利用特制的红外光发光源产生红外辐射，产生人眼看不见而普通摄像机能够捕捉到的红外光，辐射"照明"景物和环境，利用普通低照度摄像机来感受周围环境反射回来的红外光，从而实现夜视功能。

　　视频监控系统采用被动红外摄像机，成像画面如图 5-24 所示。成像画面直

图 5-22 激光雷达安装示意图

图 5-23 摄像机、补光灯与云台

接反映了环境的温度分布,能够发现普通视觉无法察觉设备异常温度的状况。当系统发现机柜等设备存在异常温度时,可及时向巡检系统服务端发出报警信息。

4. 仪表监测系统

仪表监测系统是巡检平台的智能化部分,通过二维码定位,完成对设备工作状态的监测。

二维码是用某种特定的几何图形按一定规律在平面(二维方向上)分布的

（a）普通成像

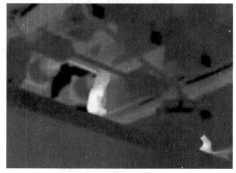

（b）红外热成像

图 5-24　普通成像与红外热成像

黑白相间的图形记录数据符号信息。在代码编制上巧妙地利用构成计算机内部逻辑基础的"0"和"1"比特流的概念,使用若干个与二进制相对应的几何形体来表示文字数值信息,通过图像输入设备或光电扫描设备自动识读以实现信息的自动处理。它具有条码技术的一些共性,每种码制有其特定的字符集,每个字符占有一定的宽度,具有一定的校验功能等,同时还具有对不同行的信息自动识别以及处理图形旋转变化点的功能。常见的一种矩阵式二维码(QR Code)最多可以存储数千个字母或者数字,完全满足仪表监测系统对仪表标签的需求。图 5-25 是一个仪表标签示例,实际应用中,该标签中会包含上方 9 个指示灯以及 4 个旋钮相对该标签的位置等信息。利用从标签中获取的信息以及识别指示灯及旋钮的形状颜色等信息,系统完成对目标的分割。

5. 机械臂控制系统

机械臂放置于车辆中央来平衡重心,采用三轴自由度专用机械结构,末端附加单点触觉传感。三轴自由度需要一个上下移动自由度(对齐按钮)、一个径

图 5-25　仪表标签

向伸缩自由度(点击按钮或补齐小车定位误差距离)、一个旋转自由度(补齐小车旋转误差)。机械臂安装如图 5-26 所示。

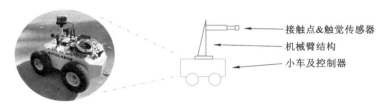

图 5-26　机械臂安装图

机械臂结构主要有三自由度、底座旋转、平台升降及触点伸缩等部分。初步设计结构图和规格设计参数如图 5-27 和图 5-28 所示。

6. 自动充电系统

自动充电系统要求机器人在自主巡航状态下检测到自身电量不足时,能自动回到充电桩充电。通过 SLAM 地图构建与标签辅助定位,巡检平台能够自主规划路径到充电桩位置,但完成充电需要机器人与充电桩进行物理充电接口对接,这便要求更加精确的定位与控制。

系统采用多组红外收发器组合定位的方案实现精准对接。首先在机器人端会有接收红外编码的红外接收三极管,在检测到特定频率的载波红外信号时会有电平稳输出。一般常见的载波频率有 38 kHz 和 56 kHz 两种。而自动充电座内就是红外发射管,通过驱动电路,使二极管通电或断电,不断地发出红外

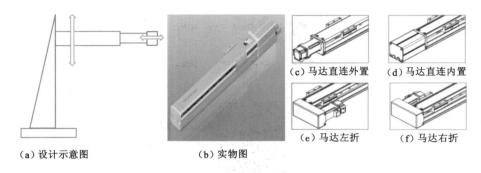

（a）设计示意图　　　　（b）实物图　　　　（c）马达直连外置　（d）马达直连内置

（e）马达左折　　（f）马达右折

图 5-27　机械臂结构图

■ **基本规格**

马达功率(W)		200 W(400 W)			
马达转速(r/min)		*3000			
滚珠丝杆导程-螺距(mm)		5	10	20	32
最高速度(mm/s)		250	500	1000	1600
最大负载(kg)	水平使用	50	40	20	8
	垂直使用	15	12	6	
额定推力(N)		694	341	174	107
行程范围(mm)		50-1100MM/50行程递增			
丝杆外径(mm)		Φ16			
重复位置精度(mm)	C7(C)	±0.01			
	C5(P)	±0.006			
导轨规格		W15XH12-2支			
联轴器		10X14(11)*			
感应器		EE-SX674(NPN)			

（a）机械臂参数

■ **传感器接线图**

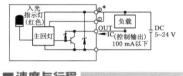

■ **速度与行程**

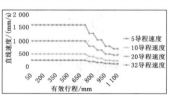

（b）传感器控制

图 5-28　机械臂参数及传感器控制

光线，并且频率通常与接收端匹配，也就是 38 kHz 或者是 56 kHz 的占空比为 50％的 PWM 波形，利用载波传递数据。

不同的红外发射管发射不同的编码信息，多个接收管通过判断接收到的信号来推算此时巡检机器人与充电座的相对位置，对自己的姿态进行矫正从而实现精准对接。图 5-29 是巡检机器人与充电桩对接的红外收发器安装示意图，充电桩上有 4 个红外发射管，机器人上有 4 个红外接收管。

7. 信息系统

巡检机器人平台通过无线网络与巡检系统服务器相连，完成视频及其他信息的交互，信息系统网络结构如图 5-30 所示。

一方面，巡检机器人将监控视频画面实时上传至巡检系统服务器，并实时

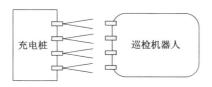

图 5-29　巡检机器人与充电桩对接的红外收发器安装示意图

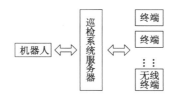

图 5-30　信息系统网络结构

报告自身的位置以及上传 SLAM 构建的地图数据。当检测到仪表时,将仪表状态及时上传。另一方面,巡检机器人接收服务器发来的指令,包括人工规划的路径、运行及云台控制信息、强制返回充电等操作。

巡检服务器支持连接多台终端,通过多终端根据权限访问巡检机器人采集的信息或者对机器人进行远程控制。

四、结论

目前井下变电所主要负责排水系统、采掘系统、运输系统等设备供电,变电所运转是否正常直接影响矿井生产,所以加强变电所的巡检来保证其正常工作尤为重要,但目前变电所的巡检工作还存在以下几点突出问题:

（1）运行过程中,开关柜故障跳闸需现场复位后,才能继续远程操作。

（2）变电所开关柜发生短路、拉弧、放炮等特殊故障时,需第一时间进行现场故障原因确认。

（3）变电所开关柜检修及处理故障时,需监控作业人员是否按标准作业流程进行作业,避免因作业人员违章作业带来的安全隐患。

（4）需及时监测水泵房主排水泵及电机因检修不到位、设备老化等原因造成设备带病运行。

（5）需定时监测水泵房管路漏水情况,电动闸阀是否开、关到位,水泵是否正常上水。

针对以上问题,井下变电所机器人巡检平台采用"机械臂＋摄像头＋多种传感器＋中控＋机器人＋巡检管理平台"方式进行巡检,这种方式的最主要优势在于可以大大节省人力以及管理成本,还可以实现无死角的监控。机器人安装各种先进的传感器,用于自动探测各种异常情况,弥补人力的不足。同时将变电所监控系统与机器人巡检平台相结合,可以真正实现变电所无人化管理。

第五节　仿生技术应用

一、仿生技术的起源和发展

人们用化学、物理学、数学以及相关技术模型对生物系统开展深入的研究,促进了生物学的极大发展,对生物体内功能机理的研究也取得了较大的进展。此时模拟生物不再是引人入胜的幻想,而成了可以做到的事实。生物学家和工程师们积极合作,开始将从生物界获得的知识用来改善旧的或创造新的工程技术设备。目前,生物学已跨入各行各业的技术革新,首先在航天、航空、航海等领域取得了成功,生物学和工程技术学科结合在一起,互相渗透孕育出一门新生的科学——仿生学。

现代仿生学已经延伸到很多领域,它的发展需要生物学、物理学、化学、医学、数学、材料学、机械学、动力学、控制论、航空工程、航天工程和航海工程等众多学科领域工作者的合作,反过来,仿生学的发展又可以推动这些学科的进步。自20世纪60年代初仿生学诞生以来,仿生技术已得到迅速发展,在军事、医学、工业、建筑业、信息产业等行业获得了广泛应用,如仿生技术已成功地应用于精密雷达、声呐、导弹制导、机器人等领域。

二、仿生技术的类型

按仿生技术的参照方式来划分,仿生技术可分为结构仿生、功能仿生、材料仿生、力学仿生、控制仿生等类别。

三、仿生技术的典型案例及在煤矿中的应用前景

1. 辅助类

(1) 仿生象鼻

德国费斯托(FESTO)公司根据大象鼻子的特点设计出一款新型仿生机器处理系统,命名为"仿生操作助手"。采用了柔性气动波纹管结构和相应的阀控制技术,它可以平稳地搬运重负载,运行原理在于它的每一节椎骨可以通过气囊的压缩和充气进行扩展和收缩,能够在狭小的空间内360°随意弯曲。但是,受制作体积的限制,该产品搬运负载的重量偏小,目前无法搬运大型重物,适合普通车间内加工材料的辅助移动,如图5-31所示。

(2) 仿生章鱼触角

图 5-31　象鼻仿生机械臂

　　章鱼是一种迷人的海洋生物,没有骨骼,几乎完全由柔软的肌肉组成,其能够在水下自如地移动,触手非常灵活,可敏捷地抓捕不同形状、不同尺寸的各种生物,如贝类、鱼类、蟹类,甚至鲨鱼。

　　德国费斯托(FESTO)公司发明了一类仿章鱼触角的机械手臂,该设备由气动的软硅胶结构构成。接通压缩空气后,触角将向内弯曲,并可根据各自外形,轻柔地包裹抓取物体,如图 5-32 所示。如同其自然原型一样,硅触角的内侧安装有两排吸盘。位于抓手顶端的小型吸盘被动发挥作用,而在较大的吸盘上则可以主动应用真空,以牢固地抓住物体。由此将吸附与缠绕两种方式相结合,实现对多种不同形状、不同尺寸、不同摆放姿态物体的安全、无损、稳定抓持。相比传统刚性体机器人,仿生软体触手具备的柔性抓取特性使其可以更加高效、安全地与人类和自然界进行交互。

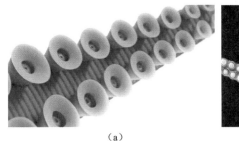

（a）

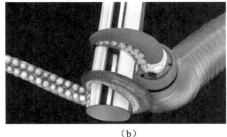

（b）

图 5-32　章鱼触角仿生机械臂

　　（3）铁甲钢拳

　　由北京铁甲钢拳科技有限公司自主研发的全球首款动力包裹到手指的上肢外骨骼 CEXO-01、腰部助力外骨骼 CEXO-W02 和全身外骨骼 CEXO-W03 已在世界机器人大会上亮相。

上肢外骨骼CEXO-01采取了自主研发的混合动力系统以及配套的控制逻辑系统,使其既拥有气动系统灵敏和反应快的优点,又拥有液压系统负载大的特点。上肢外骨骼CEXO-01通过独特的机械设计和控制逻辑,在增加手臂力量的同时,解放了操作者的双手,同时还增加了手指的力量,使穿戴者可以应对更多复杂精密的工作,如图5-33所示。

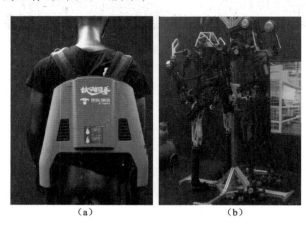

（a） （b）

图5-33 "钢筋铁骨"仿生外骨骼

腰部助力外骨骼CEXO-W02在设计中遵循人体工程学原理,在提高效率的同时保护使用者的脊椎和腰部肌肉。其不仅可以大幅增加穿戴者的力量,还能提高使用者的工作效率、降低成本,同时还能保护重劳力者的骨骼和肌肉,降低腰肌劳损和腰椎损伤的风险。因其穿戴轻便舒适,目前已应用于京东物流中。

全身外骨骼CEXO-W03采用自主研发的气—液—电混合驱动的方式,有强劲的扭矩输出和反应速度,可以满足穿戴者基本关节旋转和基本动作,设备穿戴方便,可实现重量自平衡。

结合矿井实际,该项产品可应用于重体力劳动者,减轻作业人员腰肌劳损等职业病的发生。

2. 仿生鼻电子传感器

煤矿火灾是煤矿生产中的主要灾害之一,与煤尘、瓦斯爆炸的发生常常互为因果关系,是酿成煤矿重大恶性事故的原因之一。我国是矿井火灾比较严重的国家之一,为了防范矿井火灾事故的发生,必须采取有效措施,而电子鼻是一种由传感器阵列结合一定的模式识别算法组成的气体分析仪器,利用仿生电子鼻模仿动物嗅觉系统功能,对环境所产生的特征气味模式进行实时的监测分析,其功能实现原理如图 5-34 所示。而煤矿火灾的发生是由各种因素共同促成的,如易燃物气体成分比例、温度、湿度等,当混合气体中部分气体成分达到一定比例时,系统就处于危险阶段,此时是事故的高发期。基于模糊神经网络算法的电子鼻具有很强的容错能力和适应能力,初期不需要大量的训练样本,在检测气体过程中就能很好地调整网络参数和优化网络性能,对煤矿井下实时动态的气体成分进行辨识分析,可有效地预判火灾事故,提高预警机制,降低事故发生概率。

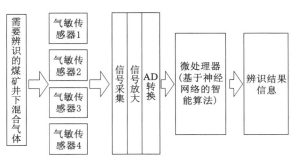

图 5-34　仿生鼻电子传感器的工作原理

目前 Nanomix 公司已制造出了一种能够测量二氧化碳气体浓度的"电子鼻"。据悉,在投入批量生产后,这种仿生鼻电子传感器的单价将不会超过20 美元。

3. 救援类

(1) 水下生命搜救机器人

美国萨博特(SARbotTM)水下生命搜救机器人是一套保护救援队员自身安全的水下生命救援系统,如图 5-35 所示。该装备可模拟海豚声呐系统,在能见度很低的情况下帮助操作员精确定位受害者位置,避免对溺水者造成进一步伤害。高分辨率摄像机能提供实时情境感知,机器人互锁爪用来抓握人的肢体,高强度铜制系绳能从水中轻易拉回溺水者。SARbotTM 水下生命搜救机器人可由两个人操作,使用简单,可将溺水者直接拉回地面,无须施救人员在水中实施二次打捞,缩短救援时间,极大地提高溺水者存活概率。总体而言,其具备以下特点:

① 远程水下生命救援:SARbotTM 水下生命搜救机器人以不让更多人受到伤害的方式远程营救溺水者,设置迅速,使用直观、可靠。

② 特别设计的肢体抓握装置:特别设计的抓手可抓住溺水者的四肢,高强

图 5-35　萨博特水下生命搜救机器人

度铜制系绳能将溺水者拉回地面,而不会断裂。

③ 高分辨率成像声呐系统:配备 Tritech Gemini 720i 多波束成像声呐系统,高分辨率图像和宽视角,能在恶劣条件下快速地搜索、定位、营救溺水者。

④ 适用于严苛条件的操控性:采用高稳定小型 ROV(水下遥控机器人)平台,配备强大的无刷直流推进器,四轴控制器提供完备的可操作性。

(2)煤矿救灾机器人

辽宁工程技术大学基于类蜘蛛仿生研发出一款多足煤矿救灾机器人,利用类蜘蛛仿生算法模仿了蜘蛛的行走特点,遵循蜘蛛行走时的摆腿顺序,在不同情况下设计不同的摆腿行走顺序,使煤矿救灾机器人的灵活性以及应对复杂环境的适应性大为增强,如图 5-36 所示。该机器人能够快速灵活地进入煤矿巷道中,对巷道的复杂情况进行及时了解并及时处理。

图 5-36　类蜘蛛煤矿救灾机器人

通过对机器人学的研究,能更好地符合仿生学的发展方向和趋势,使运动步态仿真达到更加合理稳定的效果,进一步提高机器人的行走速度,缩短救援时间,增强救援能力。

第六节 分布式光纤测温技术应用

一、引言

目前我国 60％的矿井开采煤层具有自燃倾向,随着矿井不断延深、深部开拓和近距离煤层开采,通风系统变得异常复杂,煤层自燃倾向有明显增大的趋势。而采空区煤炭自然发火在矿井火灾中占有很高比例,因此采空区火灾监控预警一直是人们关注和研究的重点。

煤自燃的成因及过程可概括为:低温条件下,煤吸附氧生成不稳定的化合物,放出少量的热。该过程隐蔽且难以监测。若煤的氧化加速,发热量增加,会加速煤的自燃。当煤温升至 70～80 ℃时,煤的氧化会急剧加快,煤温迅速上升;煤温升至 300～500 ℃时,煤已发生燃烧,CO 等征兆性气体出现;当温度达到 800～2 000 ℃时,煤的燃烧已经出现明火。火灾监控过程中,监控系统若能实时监测采空区温度变化,在煤燃烧之前对煤温升速率过快或煤温过高等情形及时发出预警,将会为扑灭火灾赢得时间。

由于采空区的特殊性及其安全考虑,无法将电力设备放入采空区进行实时监测。目前对采空区火灾监测主要是通过束管系统抽取样气到地面,对标志气体进行分析,如果有煤燃烧的标志性气体出现,则认为有火灾发生。这种方法虽然巧妙地在较为安全的前提下分析出采空区起火的信息,但仍有以下几个缺陷:

(1) 监测对象是采空区标志性气体,当标志性气体出现时,表明煤温已升至 300～500 ℃,并发生燃烧现象。因此,束管系统分析的是采空区是否已经发生煤自燃,而不是其是否有自燃倾向,也就是说其只能监测火灾,并不能很好地对火灾进行预警。

(2) 利用这种方法进行分析的时间最快需要 15 min,这样的响应速度会导致人们错过最佳的逃生时机。

(3) 这种方法无法定位起火位置,将为救灾带来不便。

二、分布式光纤测温原理及优势

分布式光纤测温系统采用拉曼散射原理和光时域反射技术实现温度和距离的测定。激光脉冲进入光纤后与光纤分子相互作用,产生多种散射,其中由于光纤分子的热振动所产生的散射称为拉曼散射。该过程会产生一个比光源波长长的斯托克斯光和一个比光源波长短的反斯托克斯光,如图 5-37 所示。其中,反斯托克斯光对温度敏感,系统以斯托克斯光通道为参考通道,反斯托克斯光通道为信号通道,两者的比值可以消除光源信号波动、光纤弯曲等非温度因素影响,提取出温度,公式如下:

$$T = \frac{h\Delta f}{k}\left[\ln\left(\frac{I_{\mathrm{S}}}{I_{\mathrm{AS}}}\right) + 4\ln\left(\frac{f_0 + \Delta f}{f_0 - \Delta f}\right)\right]^{-1}$$

式中 h——普朗克常数;

　　　　k——玻尔兹曼常数;

　　　　I_{S}——斯托克斯光光强;

　　　　I_{AS}——反斯托克斯光光强;

　　　　f_0——入射光频率;

　　　　Δf——拉曼光频率增量。

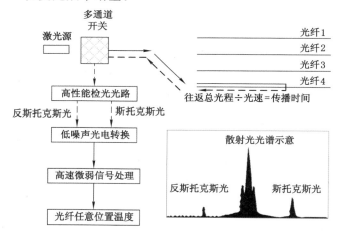

图 5-37　分布式的长距离连续测温原理

再利用光时域反射(OTDR)原理,即根据光在光纤的传播速度与入射光经过背向散射返回到光纤入射端所需时间之间的对应关系,可以得出采空区某测点的位置,从而实现分布式的长距离连续测温。

分布式光纤测温系统采用长距离矿用铠装光缆,集温度采集和信息传输为一体,自身不带电,本质安全且抗干扰性好,非常适用于采空区等易燃、易爆的恶劣环境中。与传统束管检测方法相比,分布式光纤测温系统在本质安全的前提下响应极快(响应时间<5 s),可以实时监测采空区温度变化,及时预警,具备长距离、大容量、实时在线、抗干扰等优点。分布式光纤测温系统非常利于采空区的火灾监测预警,在本质安全的前提下很好地解决了束管检测系统响应慢、

无法定位的缺陷。其具体参数对比见表 5-1。

表 5-1 分布式光纤测温系统与束管检测系统的对比

项目	分布式光纤测温系统	束管检测系统
测量指标	温度	气体
实时性	实时采集显示	取气体分析,实时性差
监测范围	8 km 长度	密闭墙 10 m 内气体
着火点定位	着火点±1 m 的范围	无法定位
反应速度	<5 s	最快 15 min
检测方式	现场检测	将气体取出上井分析,易漏气
维护成本	低	高
采样连续性	可连续检测	需要工作面开采完毕后进行检测

三、分布式光纤测温系统结构及功能特点

1. 系统结构

分布式光纤测温系统主要由系统主机、测温光纤、计算机处理软件三部分构成,其工作原理如图 5-38 所示。二极管半导体脉冲激光器发出一定功率的激光脉冲被耦合进测温光纤,先进入置于恒温槽中的基准定标光纤,然后再进入感温光纤;激光在光纤中同 SiO_2 分子发生散射后,将后向拉曼散射光耦合至滤波器,滤出带有温度信息的反斯托克斯光和瑞利散射光;温度信号对散射光谱信号中的反斯托克斯光强度进行调制,反斯托克斯光携带散射区的温度信息,将滤出的瑞利散射光作为比较通道,反斯托克斯光作为光信号通道。这两个通

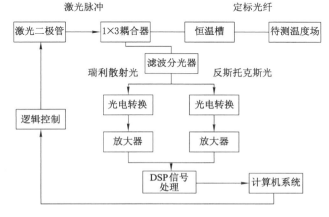

图 5-38 分布式光纤测温系统工作原理

道的光分别经过 APD(雪崩式光电二极管)进行光电转换后,再由信号放大器放大信号,并组建以 DSP(数字信号处理)为核心的嵌入式处理单元,对传感器输出信号进行实时采集。将采集的温度数据传送到计算机并存入系统数据库中进行数据处理,通过组态软件展示温度空间分布并且以图形或表格形式显示出各测温点的温度值和变化状态,并预测温度变化趋势。当某一监测点的温度超过系统设定的报警阈值时,系统将启动报警装置,并通过计算机网络实现远程数据共享。

2. 系统功能特点

(1)实现了本质安全。光纤既是温度传感器,又是信号传导介质,避免了因线路短路而引起的矿井火灾。

(2)实现了信息共享。在系统内部构建的光纤通信网可通过局域网络接口与企业的 MIS(管理信息系统)或其他网络系统连接实现通信,从而实现信息共享。

(3)可靠性高。不受强电磁场的干扰,测量精度高;铠装光纤具有良好的力学性能,且防水、绝缘、耐化学腐蚀,可保证监测和传输的灵敏和高效。

(4)性价比高。光纤质量小,容易安装施工。系统寿命长且具有自检、自标定和自校正等功能,成本低。当需要在光纤铺设沿线增加监测区段时,系统易于实现扩展。

(5)简单易用。软件操作界面简单易用,可随时通过数据库查询历史数据、打印报表,为分析事故发展趋势提供温度场实时变化监测依据。

(6)实现了实时监测。铺设光纤即可完成光纤沿线所有点的温度监测,将实时监测温度数据存入系统数据库中并自动保存,能够实时准确地监测采空区温度场分布。

3. 分布式光纤测温系统的安装铺设

铺设的测温光纤应能保证火灾隐患区域都在有效的监测范围之内,且有利于火源位置的准确定位;测温光纤的铺设应随着工作面的推进而不断调整,以便能对采空区进行实时连续监测。在实际应用中,为避免采空区顶板和巷壁垮塌对测温光纤的损坏,采用铠装光纤,并采用多通道冗余技术,在采空区内实现多条测温光纤铺设。在回采前预先铺设测温光纤,形成回采全程采空区实时监测。工作面测温光纤铺设如图 5-39 所示。在煤矿采区回采开切眼处即开始铺设测温光纤,采用波分复用技术可在 1 根光纤上串联 18 个传感器。由于分布式光纤的测温传输距离可达 40 km,因此,完全可以从地面控制微机室经回风副井筒、回风巷至采区工作面开切眼铺设多模测温光纤。由于光纤长度的增加,损耗也会增大,为确保测量精度,应对光纤测温系统进行定期校正,以确保系统的测量精度。在采空区沿着工作面的推进方向根据工作面的宽度以每间隔 15 m 采用"W"形布置测温光纤,以增大光纤监测范围。随着工作面的推进,只需移动预留光纤至采空区就能进行实时监测,而无须重新铺设测温光纤。该技术能够对采空区温度进行网点式监测,而且提高了监测的有效范围和准确度。

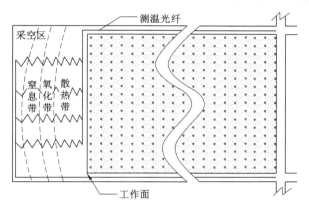

图 5-39　工作面测温光纤铺设

四、结语

本书提出了在采空区铺设光纤测温系统的改进方法,该方法简单易行,不必重新增加光纤。将分布式光纤测温系统应用于煤矿采空区遗煤自燃监测,能够沿程进行远程实时监测并准确定位。如果将该报警系统和采空区防灭火系统进行联网,就可以组建成安全高效的采空区遗煤自然发火预测预警系统,从而真正做到防患于未然,对保障煤矿安全生产具有广阔的应用前景和深远的意义。

基于光纤传感技术的分布式光纤测温系统,可以对采空区温度的分布实时监测并及时进行火灾预警,成功地解决了束管检测系统响应慢、无法连续实时监测、无法定位的缺陷,为逃生和救灾赢得了时间。煤矿安全监控系统是光纤传感技术的一个新的应用领域,对于煤矿这样的危险场所,光纤能很好地满足煤矿的需求,以后应当将更多的光纤类产品推广到煤矿,为煤矿安全监测带来便利。

参 考 文 献

[1] LAWSON C L. Software for C1 surface interpolation[M]//Mathematical software. Amsterdam:Elsevier,1977:161-194.

[2] LEE D T,SCHACHTER B J. Two algorithms for constructing a Delaunay triangulation [J]. International journal of computer & information sciences,1980,9(3):219-242.

[3] WATSON D F. Computing the n-dimensional Delaunay tessellation with application to Voronoi polytopes[J]. The computer journal,1981,24(2):167-172.

[4] 贝建刚.数字化矿山发展方向[C]//第十六届六省矿山学术交流会论文集.太原:山西省金属学会,2009:276-279.

[5] 冯冬芹,周小文,金建祥.工业以太网,蓄势待发?(下):工业以太网的现状与发展[J].世界仪表与自动化,2004(2):27,31-33,46.

[6] 葛世荣.智能化采煤装备的关键技术[J].煤炭科学技术,2014,42(9):7-11.

[7] 郭军.基于3D GIS技术的三维虚拟矿井设计研究[J].工矿自动化,2007,33(5):1-4.

[8] 韩建国,杨汉宏,王继生,等.神华集团数字矿山建设研究[J].工矿自动化,2012,38(3):11-14.

[9] 韩向东.企业信息化及实施案例[M].南京:南京师范大学出版社,2001.

[10] 郝天轩,魏建平,杨运良,等.数字化及可视化技术在矿井通风系统中的应用[M].北京:煤炭工业出版社,2009.

[11] 胡乃联,李国清,何煦春.矿山企业信息系统构建研究[C]//2004年全国矿山信息化建设成果及技术交流会论文集.温州:[出版者不详],2004:91-94.

[12] 胡穗延.数字矿山信息网络框架[C]//现代煤炭科学技术理论与实践:煤炭

科学研究总院 50 周年院庆科技论文集.北京:煤炭工业出版社,2007:528-531.

[13] 黄晶晶.数字高程模型 TIN 和等高线建模[D].长沙:中南大学,2007.

[14] 焦玉书,牛京考,蔡鸿起.建国 60 年中国采矿科学技术进步与展望[J].中国冶金,2010,22(2):1-10.

[15] 李白萍,赵安新,卢建军.数字化矿山体系结构模型[J].辽宁工程技术大学学报(自然科学版),2008,27(6):829-831.

[16] 李建民.煤矿地质测量空间信息系统及其在数字开滦中的应用[J].煤田地质与勘探,2004(增刊):106-110.

[17] 李晓琳.路表三维可视化模型的建立及其空间曲线提取的方法研究[D].哈尔滨:哈尔滨工业大学,2007.

[18] 李一帆.数字矿山信息系统的研究及应用[D].武汉:中国科学院研究生院(武汉岩土力学研究所),2007.

[19] 李壮阔.矿山信息系统体系结构研究与矿山数据集成与分析基础平台开发[D].昆明:昆明理工大学,2005.

[20] 梁滨.企业信息化的基础理论与评价方法[M].北京:科学出版社,2000.

[21] 刘相军,汤俊,谭长森.浅析基建矿井综合自动化项目的实施管理[J].工矿自动化,2010,36(8):34-36.

[22] 陆铮,汪丛笑.工业以太网在全矿井综合自动化系统中的应用[J].工矿自动化,2006,32(3):31-33.

[23] 吕鹏飞,郭军.我国煤矿数字化矿山发展现状及关键技术探讨[J].工矿自动化,2009,35(9):16-20.

[24] 毛善君,刘桥喜,马蔼乃,等."数字煤矿"框架体系及其应用研究[J].地理与地理信息科学,2003,19(4):56-59.

[25] 秦学礼,李向东,金明霞.Web 应用程序设计技术:ASP. NET(C♯)[M].北京:清华大学出版社,2010.

[26] 全国安全生产标准化技术委员会煤矿山安全分技术委员会.煤矿安全监控系统通用技术要求:AQ 6201—2019[S/OL].(2019-08-12)[2020-02-01].http://nx. chinacoal-safety. gov. cn/zcfg/bz/201909/t20190910＿76964.html.

[27] 僧德文,李仲学,张顺堂,等.数字矿山系统框架与关键技术研究[J].金属矿山,2005(12):47-50.

[28] 孙瑞海.浅议煤炭企业的数字矿山建设[J].企业技术开发,2012,31(8):

81-82,114.

[29] 谭得健,徐希康,张申.浅谈自动化、信息化与数字矿山[J].煤炭科学技术,2006,34(1):23-27.

[30] 王国法.高效综合机械化采煤成套装备技术[M].徐州:中国矿业大学出版社,2008.

[31] 王国法,等.综采成套技术与装备系统集成[M].北京:煤炭工业出版社,2016.

[32] 王澜.数字矿山关键技术研究与实施[J].辽宁工程技术大学学报(自然科学版),2011,30(6):830-833.

[33] 王李管,曾庆田,贾明涛.数字矿山整体实施方案及其关键技术[J].采矿技术,2006(3):493-498.

[34] 王汝杰,高景俊.数字矿山建设与设备管理[C]//第五届全国矿山采选技术进展报告会论文集.呼和浩特:[出版者不详],2006:591-594.

[35] 王振,韩小庆,朱玉华.全矿井以太网平台综合自动化系统[J].山东煤炭科技,2007(5):17-18.

[36] 吴立新.中国数字矿山进展[J].地理信息世界,2008,6(5):6-13.

[37] 吴立新,史文中,GOLD C.3D GIS与3D GMS中的空间构模技术[J].地理与地理信息科学,2003,19(1):5-11.

[38] 吴立新,汪云甲,丁恩杰,等.三论数字化矿山:借力物联网保障矿山安全与智能采矿[J].煤炭学报,2012,37(3):357-365.

[39] 夏继强,邢春香.现场总线工业控制网络技术[M].北京:北京航空航天大学出版社,2005.

[40] 谢和平,王金华,申宝宏,等.煤炭开采新理念:科学开采与科学产能[J].煤炭学报,2012,37(7):1069-1079.

[41] 邢玉忠.矿井重大灾害动态机理与救援技术信息支持系统研究[D].太原:太原理工大学,2007.

[42] 袁亮.煤炭精准开采科学构想[J].煤炭学报,2017,42(1):1-7.

[43] 袁亮,张农,阚甲广,等.我国绿色煤炭资源量概念、模型及预测[J].中国矿业大学学报,2018,47(1):1-8.

[44] 张建,汤俊,邓荣.全矿井综合自动化系统在杉木树煤矿的应用[J].工矿自动化,2010,36(7):111-113.

[45] 张建平,柴洪静.数字化矿山建设的全域模型[J].煤矿开采,2012,17(2):1-4.

［46］赵安新,李白萍,卢建军.数字化矿山体系结构模型及其应用[J].工程设计学报,2007,14(5):423-426.

［47］赵炎.矿井安全生产综合自动化系统的设计与实现[J].工矿自动化,2010,36(2):111-114.

［48］朱超,吴仲雄,张诗启.数字矿山的研究现状和发展趋势[J].现代矿业,2010,26(2):25-27.

［49］邹艳红.矿山地测数据集成与三维立体定量可视化预测研究[D].长沙:中南大学,2005.